AF534280

Gudrun Sauter

Galgos bellen ~~nicht~~

Gudrun Sauter

GALGOS BELLEN ~~NICHT~~

Das Leben mit spanischen Windhunden

2., aktualisierte Auflage

Oertel+Spörer

Abbildungsnachweis:
Alle Bilder von der Autorin.

Haftungsausschluss

Die Hinweise in diesem Buch wurden von der Autorin sorgfältig recherchiert und geprüft. Es können jedoch keinerlei Garantien übernommen werden. Eine Haftung der Autorin bzw. des Verlags und seiner Beauftragten für Personen-, Sach- und Vermögensschäden ist ausgeschlossen.

Bibliografische Information der Deutschen Nationalbibliothek
Die Deutsche Nationalbibliothek verzeichnet diese Publikation in der Deutschen Nationalbibliografie; detaillierte bibliografische Daten sind im Internet über http://dnb.d-nb.de abrufbar.

Postfach 1642 · 72706 Reutlingen
2., aktualisierte Auflage. Alle Rechte vorbehalten
Lektorat: Dr. Gabriele Lehari
Layout, DTP und Repro: Bettina Mehmedbegović, Oertel+Spörer Verlag
Druck und Bindung: Oertel+Spörer Druck und Medien-GmbH+Co., Riederich
Printed in Germany
ISBN 978-3-88627-860-2

Inhalt

Einführung

Galgos bellen nicht ...
diesen Satz erzählt man sich oft – aber stimmt das wirklich? Vorweg gesagt: Es stimmt nicht!

Wenn wir von Spaziergängen auf das Verhalten von Galgos angesprochen werden, so kommen immer die gleichen Aussagen:

- Galgos bellen nicht.
- Der Windhund braucht so viel Auslauf.
- Galgos sind im Haus ganz ruhig.

Für uns sind diese Aussagen zu oberflächlich und wir können ihnen nur bedingt zustimmen.
Unter Galgos sind genauso „Leinepöbler" und „Hausbewacher" wie auch „Gesprächige" zu finden. Es sind aber in der Tat keine Dauerbeller und diese Eigenschaft wissen wir sehr zu schätzen.

Der Galgo Español braucht viel Auslauf – doch was heißt viel Auslauf? Spaziergänge von mehr als zwei Stunden am Stück? Jogging oder Fahrradfahren über 20 km? Ich habe ganz andere Erfahrungen gemacht, deshalb gehe ich auf dieses Thema später noch näher ein.
Sicherlich ist das Leben mit ruhigen Hunden angenehmer, doch kann man dies von einer Rasse wirklich behaupten?
Majestätisch und in einer erhöhten Position liegt der Galgo Español und betrachtet seine Umgebung. Dies entspricht aber ganz und gar nicht seinem Naturell, wurde er einst für die Hasenjagd gezüchtet und musste in kürzester Zeit schnelle und wendige Sprints hinlegen. Von Null auf Hundert – höchste Konzentration, strategisch klug zum Erfolg, danach war wieder Ruhe angesagt.
Was ich damit zum Ausdruck bringen möchte: Wir müssen alle Eigenheiten dieser Hunde berücksichtigen. Erst wenn das erfolgt ist, stimme ich der Aussage, Galgos seien im Haus ganz ruhig, zu.
Eine ausreichende Beschäftigung ist aber die Voraussetzung dafür, dass Sie Ihren erwachsenen Vierbeiner für einige Stunden allein zu Hause lassen können. Dies gilt nicht nur für den Windhund.

Was es mit den Vorurteilen auf sich hat und was wir über das Leben mit diesen spanischen Windhunden erfahren durften und mit ihnen erlebt haben, das alles finden Sie in diesem Buch.

Die Autorin mit einem ihrer Schützlinge.

Wie alles begann ...

... denn „galgoverliebt" ist man nicht von heute auf morgen.

Ich war noch ein Knirps von fünf Jahren, da lebte fünf Häuser weiter in unserer Siedlung eine Frau mit vielen Tieren. Von den Nachbarn belächelt, von mir bestaunt, nutzte ich jede Gelegenheit, um auf Spaziergängen mit Frau Fink mitzugehen, denn sie „verlieh" ihre Hunde nicht. Ich lernte viel über den Umgang mit Hunden allgemein und besonders ihren Umgang mit dem Königspudel „Peggy", dem Whippet „Oliver" und dem Pekinesen „Futschi". Unterschiedlicher konnte eine Hundegruppe nicht sein.

Nach und nach verstarben die Hundesenioren und der erste Greyhound zog bei ihr ein. Schwarz wie die Nacht war er, mit einem kleinen weißen Fleck am Kehlkopf und wunderschön anzusehen. Ab diesem Moment war es um mich geschehen. „Pitty-Pat" – so war sein Name – war der Auslöser für meine große Leidenschaft: die Windhunde. Die Spaziergänge wurden seltener, denn Frau Fink suchte nach Möglichkeiten, ihren Windhund frei laufen zu lassen. Dies war auf unseren Feldern nicht möglich. Obwohl ich heute weiß, dass „Pitty-Pat" und die nachfolgenden Hunde vom Züchter direkt zu ihr kamen und somit nie zur Jagd eingesetzt wurden, so war sicherlich der ausgeprägte Jagdinstinkt ein großes Problem. Zu viele Katzen lebten in der Nachbarschaft, als dass ein sorgloses Rennen beziehungsweise ein „Frei-Laufen-Lassen" möglich gewesen wäre. Daher orientierte sich Frau Fink an anderen Windhundebesitzern, welche die regionalen, vereinsgebundenen „Rennbahnen" aufsuchten.

Nach „Pitty-Pat" zogen noch weitere vier Greys bei ihr ein. Ihren PKW tauschte sie gegen einen Bus, die Spaziergänge fanden in anderen Gebieten statt. Und heute kann ich aus meiner Sicht sagen, dass sich mein Weg genauso entwickelt hat.

Galgos sind etwas ganz Besonderes.

Frau Fink starb im September 1988 und ich gäbe was dafür, wenn ich sie heute noch oder erst recht jetzt an meiner Seite hätte.

Ich wurde 2005 auf eine Tierschutz-Organisation aufmerksam, die sich spanischen Windhunden annahm. Einige Damen schlossen sich zu einem Verein zusammen, betrieben erste Schritte von Aufklärungsarbeit, erstellten eine vereinseigene Homepage und mithilfe des Internets kamen die ersten Hundeadoptionen in Deutschland zustande. So wurden immer mehr Windhunde aus zum Teil erbärmlichen Unterkünften gerettet und fanden ein geeignetes Zuhause in Deutschland, Finnland, den Niederlanden, Österreich und der Schweiz. Weitere Geschichten zu unseren „Secondhand-Hunden" finden Sie in den nachfolgenden Kapiteln.

Oft höre ich die Frage, warum der Windhund so besonders sei. Meine Antwort: Er ist nicht besonders, er ist nur anders und besitzt Rasseeigenschaften, die einem „liegen" müssen. So vereint er viele Eigenheiten, dessen sich der zukünftige Windhundebesitzer bewusst sein sollte.
Denn nur Mitleid für geplagte und ausrangierte Tiere oder das grazile Auftreten dieser athletischen Hunde reicht nicht aus, um sich für ein Leben mit einem Tierschutzhund zu entscheiden.

Falls Sie noch keine Erfahrung mit einem Galgo Español haben, hier ein paar wichtige Hinweise.

Bitte denken Sie daran,

- dass Sie sich einen Jagdhund ins Haus holen.
- dass dieser Jagdhund eine unbekannte Vorgeschichte besitzt.
- dass er anfangs mitunter schüchtern neben Ihnen herläuft.
- dass Sie nicht leichtsinnig sein dürfen, und zwar keine Sekunde lang.
- dass es Veränderungen beim Zusammenleben gibt. Er wird zunächst auf seinen Menschen fixiert sein, dann wird er zunehmend sicherer und schließlich zeigt er Ihnen, für was er eigentlich gezüchtet wurde.
- dass er sensibel genug ist, um Ihre Unsicherheit zu spüren. Das belastet ihn.
- dass Sie im Vorfeld die Möglichkeit von öffentlich zugänglichen „Galgowiesen" nutzen und die Gespräche zu anderen Windhundebesitzern suchen.

Die ersten Spanier

Alle acht bis zehn Wochen wurde im Rahmen dieser Tierschutz-Organisation ein Landtransport für die Hunde organisiert. Über das Internet wurden Adoptanten für viele in Not geratene Hunde gesucht und gefunden.
Ich werde die erste Ankunft nie vergessen: wedelnde Hunderuten, dazwischen ängstliche Augen und viele glückliche Menschen, die es kaum erwarten konnten, ihren „Liebling" in die Arme zu schließen.
Es war mein erster Kontakt zum Galgo Español überhaupt und ich erinnerte mich wieder an die vielen Erlebnisse mit unserer Nachbarin und meiner Lehrerin Frau Fink. Von da an nahm alles seinen Lauf.

Jeder Galgo hat seine eigene Geschichte.

Heute lebt in unserer Familie auch eine Hundegruppe von mehreren Galgos, die nach und nach als Pflegehunde, Notfälle oder direkte Herzensbrecher aus verschiedenen Tötungsstationen Spaniens zu uns kamen. Kurz erwähnen möchte ich, dass es in Spanien bisher nur ganz wenige städtische Tierheime gibt, die mit unseren Standards nur annähernd verglichen werden können. In Spanien nennen wir die Auffanglager „Refugios" oder „Protectoras". Hier leben die Hunde in sehr großen Gruppen zusammen, sind untereinander sozialisiert, können jedoch nicht auf ein Leben mit Menschen in einem gemeinsamen Haus vorbreitet werden. In der Region um Córdoba, Andalusien, wo Agrar- und Viehwirtschaft den größten Teil der Einkommensquelle darstellen, werden auch viele Jagdhunde gezüchtet.

Der Podenco und der Galgo Español sind die bekanntesten Vertreter dieser Arbeitstiere – und als mehr werden sie auch nicht gesehen. Ende Januar laufen herrenlose Hunde auf Autobahnen, sind in Gruppen an Tankstellen zu finden, irren in den Straßen der Großstadt umher, weil die Jagdsaison zu Ende geht und ein „Durchfüttern" bis September

als reine Geldverschwendung angesehen wird. Da ist oftmals die Fahrt zur nächstgelegenen Perrera, der Tötungsstation, schon zu lästig.
Ohne Mitgefühl oder gar schlechtem Gewissen werden die Podencos und Galgos zum Töten in den städtischen Einrichtungen abgegeben, manchmal in einem solch schlimmen Zustand, der für uns (wir, die den Hund als Familienmitglied ansehen) nicht nachzuvollziehen ist.

Die langbeinigen, dünnen, stark bemuskelten Galgos, alle mit ähnlicher Statur, aber in vielen verschiedenen Farben – allesamt im Stich gelassen. Jeder dieser Galgos hat seine eigene Geschichte und spezielle Charaktereigenschaft, die ich – zusammen mit vielen wertvollen Tipps und amüsanten Gegebenheiten – in diesem Buch zusammengefasst habe.

Dieses Buch richtet sich somit an all diejenigen Hundeliebhaber, die sich nicht nur für die ganzen Fachbüchern zur korrekten Haltung von Windhunden und speziell den Galgos interessieren, sondern auch mehr über die Vielfalt im täglichen Zusammenleben mit dieser Hunderasse erfahren wollen. Durch leichte und humorvolle Geschichten sowie spannende Beiträge nehmen wir Sie mit auf eine Erlebnisreise.

Viel Spaß beim Lesen wünscht Ihnen

Ihre Gugu
(Gudrun Sauter)

Wie Galgos so sind

Vom kleinen Italienischen Windspiel bis zum Irish Wolfhound – sie alle gehören wie der Galgo Español zur Rassegruppe der Windhunde. Auch wenn alle diese Hunde ein athletisches Auftreten haben, so unterscheiden sie sich doch in ihren Eigenschaften, ihrem Wesen, ihrer Fellbeschaffenheit, ihrem Jagdverhalten und ihrer Größe.

Neben ihrem größten Vetter, dem Irish Wolfhound, sieht ein Galgo richtig klein aus.

Der Galgo und seine Verwandten

Falls Sie sich für einen Windhund interessieren, sollten Sie daher die Auswahl entsprechend Ihrer Möglichkeiten und Ihres Umfeldes und nicht nur nach dem Aussehen treffen.

Die Windhunde werden in drei Typen gegliedert: der orientalische Typ, der okzidentalische Typ und der mediterrane Typ.

Vom orientalischen Typ ist wohl der bekannteste Vertreter der Afghanische Windhund, aber auch der Saluki erfreut sich großer Belebtheit.
Der Galgo Español zählt zum okzidentalischen Typ (Okzident = Abendland, sinnverwandt zu Europa).
Der Podenco wird dagegen dem mediterranen Typ zugeordnet.

Den Windhunden wurde bei der FCI eine eigene Rassegruppe zugeordnet, nämlich die Gruppe 10: Windhunde. Diese Gruppe wird wiederum in drei Sektionen eingeteilt.

Sektion 1: Langhaarige oder befederte Windhunde

- Afghanischer Windhund (FCI-Nr. 228, Herkunft Afghanistan)
- Saluki befedert und kurzhaarig (FCI-Nr. 269, Herkunft Mittlerer Osten)
- Barsoi (FCI-Nr. 193, Herkunft Russland)

Sektion 2: Rauhaarige Windhunde

- Irish Wolfhound (FCI-Nr. 160, Herkunft Irland)
- Deerhound (FCI-Nr. 164, Herkunft Schottland)

Sektion 3: Kurzhaarige Windhunde

- Galgo Español (FCI-Nr. 285, Herkunft Spanien)
- Greyhound (FCI-Nr. 159, Herkunft Großbritannien)
- Whippet (FCI-Nr. 162, Herkunft Großbritannien)
- Italienisches Windspiel (FCI-Nr. 200, Herkunft Italien)
- Magyar Agar (FCI-Nr. 240, Herkunft Ungarn)
- Azawakh (FCI-Nr. 307, Herkunft Mali)
- Sloughi (FCI-Nr. 188, Herkunft Marokko)
- Chart Polski (FCI-Nr. 133, Herkunft Polen)

Den heutigen Galgo Español gibt es in zwei Varianten: den rauhaarigen und den glatthaarigen Galgo, wobei der Übergang von diesen beiden Varianten durchaus fließend sein kann.

Laut Standard beträgt die Widerristhöhe der Rüden 62 bis 70 cm, der Hündinnen 60 bis 68 cm; eine Abweichung von 2 cm nach oben und unten ist zugelassen.
Der Farbenvielfalt sind keinen Grenzen gesetzt. Alle Farben sind bei dieser Rasse zulässig, wobei bestimmten Farben eher der Vorzug gegeben wird. Am beliebtesten sind gut pigmentierte, falbfarbene Hunde, die mehr oder weniger dunkel gestromt sind. Auch schwarze oder schwarz gefleckte Galgos sind stark vertreten. Weiterhin treten häufig die Farben Dunkel-Falbfarben, Zimtfarben, Gelb, Rot, Weiß und Gescheckt auf.

Und dann gibt es auch noch die „blauen" Galgos. Sie sind aber selten zu finden. Bei dieser Farbe handelt es sich um ein Grau, das eigentlich die typische Farbe des englischen Windhundevertreters, also des Greyhounds ist. Durch die wiederholten Einkreuzungen von Greyhounds beim Galgo versuchen die Galgo-Züchter, Geschwindigkeit, starke Bemuskelung und Aussehen zu optimieren. Und daher tritt auch immer mal wieder die graue Farbe auf.

Der typische **Rauhaargalgo** entspricht dem Ur-Galgo des spanischen Jägers. Sein Fell ist leicht borstig, nässeabweisend und länger als beim glatthaarigen Galgo. Das Rauhaar zeichnet sich am Kopf durch einen Oberlippen- und Backenbart, buschige Augenbrauen und einen Haarschopf aus.
Aufgrund seines Aussehens wird er nicht selten mit dem Deerhound verwechselt, der die älteste Windhundrasse Schottlands ist. Er hat aber mit dieser Rasse nichts gemeinsam.

Unsere Feliz entspricht eher dem ursprünglichen rauhaarigen Typ.

Mocca Sue ist einer der wenigen Galgos, welche die von den Greyhounds vererbte graue Farbe hat.

Galgos sind Sichtjäger

Der Galgo Español gehört zu den von der FCI anerkannten Hunderassen, für die auch ein eigener Standard festgelegt wurde. Laut des Standards wurde er vor allem für die Hasenjagd im Gelände gezüchtet, wobei er zu den sogenannten Sichtjägern zählt. So mutig und schnell dieser Hund bei der Jagd ist, so ruhig und manchmal auch zurückhaltend ist sein Wesen.
Nachweislich war diese Rasse schon den Römern in der Antike bekannt, aber vermutlich war sie schon viel früher auf der Iberischen Halbinsel verbreitet.
Der Galgo Español stammt von den alten asiatischen Windhunden ab und hat sich an die Verhältnisse der spanischen Landschaft angepasst. Seit dem 16. Jahrhundert wurden diese Hunde aber schon in andere Länder wie Irland und England exportiert.

Der **Glatthaargalgo** wird auch häufig Galgo Español Inglés genannt. Er entstand aus der Kreuzung des ursprünglichen Galgo Español und des englischen Greyhound. Er vereint die Wesensmerkmale dieser beiden glatthaarigen Windhundrassen.

Alle Galgos sind sehr robuste Jagdhunde, die bis zu 15 Jahre alt werden können.

Der kurzhaarige Typ entstand vermutlich durch eine Einkreuzung des englischen Greyhounds.

Galgos und Katzen

Es ist für viele unbegreiflich, dass wir es immer wieder hinbekommen, den Jagdhund Galgo Español mit unseren Katzen zu vergesellschaften.

Einige grundsätzliche Vorbereitungen hierfür sind aber zu treffen: Hierzu zählen die Beobachtung der Reaktion auf Katzen vor Ort in Spanien bis hin zur ersten Begegnung im neuen Zuhause. Diese Schritte müssen sinnvoll durchdacht sein.
Noch bevor wir unsere Galgos in spanische Katzenhaushalte bringen, testen wir das Interesse in der Tötungsstation, aus der wir die Hunde retten.
Dort gibt es eine Halle mit Käfigen, in denen Hauskatzen, aber auch Rassekatzen auf ihr Ende warten. Trotz der Anspannung können die Windhunde ihrer „Zuneigung" nicht widerstehen und verraten schon jetzt, ob sie einer weiteren Begegnung standhalten.

Den sogenannten Katzentest führen wir auf Anfrage noch in einer Pflegestelle durch. Zunächst werden die Hunde an der Leine in den Katzenhaushalt gebracht. Zeigt sich der Hund entspannt, so verbringt er ohne Leine mehrere Stunden in diesem Haushalt. Viele spanische Pflegestellen beherbergen auch Samtpfoten in der Wohnung. Wir möchten jedoch darauf hinweisen, dass sich diese getestete Katzenverträglichkeit auf Wohnungskatzen beschränkt. Viele Windhunde sehen Katzen außerhalb der vier Wände trotzdem als Beute an.

Das erste Zusammentreffen bei uns findet stets im Haus statt, zusammen mit allen Hunden und auch Katzen. Der Neuling wird an der Leine geführt und durch klare Kommandos geleitet. Blickkontakt mit den Katzen wird durch Ablenkung unterbunden. Es ist nichts Außergewöhnliches und so behandeln wir auch die Situation.
Oftmals verkrümeln sich unsere Samtpfoten für ein bis zwei Tage, doch der Geruch ist allgegenwärtig und nach zwei Tagen auch dem neuen Galgo vertraut.
Bereits nach der ersten Nacht können wir in der Regel die 1-Meter-Leine (Sicherheitsleine) abnehmen, entspannt und selbstverständlich kommt es zum ersten Nasenkontakt. Bei Junghunden mussten wir manchmal die stürmische Begrüßung stoppen, es waren jedoch nie ernste Situationen, in denen ich mir hätte Sorgen machen müssen.
Je mehr Ruhe und Gelassenheit der Hundebesitzer ausstrahlt, umso sicherer läuft diese Zusammenführung.

Nena ist einer der Favoriten für unsere Katzen.

Wer bekommt den besten Platz auf Frauchens Schoß?

Es kann aber auch mal anders ablaufen. Vor einem Jahr hatten wir aus einer Beschlagnahmung eine Galga übernommen, bei der ich mir sicher war, dass sie unsere Katzen akzeptieren würde. Sorglos brachte ich sie nach Hause und schickte sie ohne Leine in die Wohnung. Wie eine Furie rannte sie die Treppe hoch, sofort wissend, wo sich unsere Katzen in Sicherheit gebracht hatten. Ich konnte mir sicher sein, dass sie den Samtpfoten ans Fell wollte. Die Trennung für die ersten Tage war ein wenig anstrengend, doch wir fanden zügig eine passende Pflegestelle ohne Katzen und wenige Wochen später das ideale Zuhause.

Winnie, Louis, Enya und Lilly (unsere Katzen) haben auch bei den Hunden ihre Favoriten gefunden. So stehen Nena, Feliz und Ivy ganz oben in ihrer Schmuseliste. Hier werden Sofa, Körbchen und andere Liegeplätze geteilt und Begrüßungszeremonien finden statt.
Unsere Katzen leben allesamt im Haus, denn unser Garten ist zu groß. Ich würde nicht meine Hand dafür ins Feuer legen, dass unsere Hunde im Garten die eigenen Katzen in Ruhe lassen würden. Dieses Risiko gehe ich nicht ein und so genießen unsere Samtpfoten ihre Sonnenstunden auf unserer eingezäunten Terrasse.

Auch Feliz kommt mit den Katzen gut klar.

Galgos richtig ernähren

Die Ernährung des Galgos und auch aller anderen Hunde Ist ein spezielles Thema, denn wie heißt es so schön: „Never change a running system." Und doch kämpfte ich mich durch den Urwald verschiedenster Informationen, Besonderheiten, Vor- und Nachteile von Selbstgekochtem, Trockenfutter, Nassfutter, Ergänzungsmitteln usw. Für meine Hunde habe ich eine gute Kombination aus Selbstgekochtem und Fertigfutter gefunden.

So bekommen die „gesunden" Windhunde – also diejenigen ohne Nierenprobleme – 2/3 Trockenfutter von einem Hersteller, der auf Zucker, Getreide und „Füllmaterialien" (wie zum Beispiel Rübenmelasse-Schnitzelmehl) verzichtet, der Kräuter einsetzt und keine Tiernebenerzeugnisse verwendet. Eine Proteinmenge von höchstens 21 % reicht völlig aus und auch der Fettgehalt von maximal 10 % hat sich bewährt.

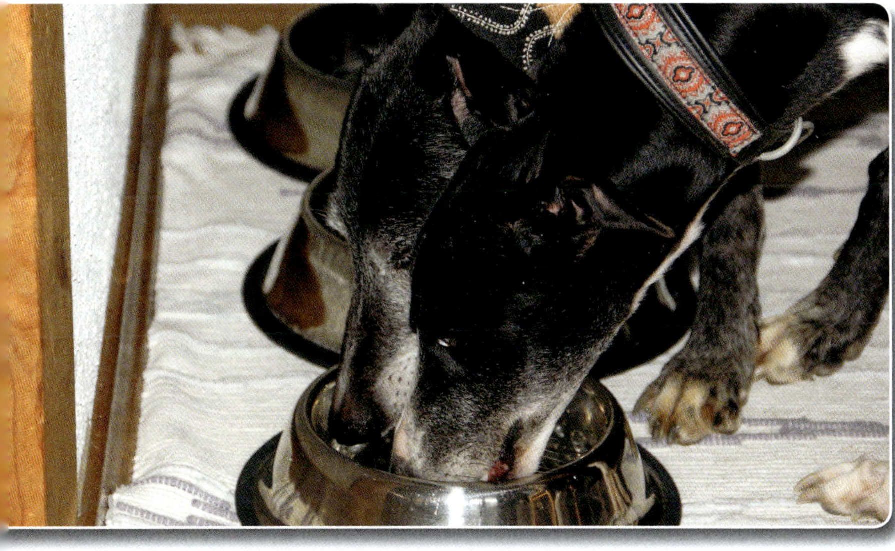

1/3 sind selbstverarbeitete Lebensmittel wie Zucchini und Karotten in Stifte geschnitten und in Olivenöl gedünstet. Darauf zu achten ist, dass jegliches Gemüse oder die Beilagen mehr als weich gekocht werden sollten.
Dinkelnudeln, Reis, Kartoffeln, Hüttenkäse sind Beispiele, um Abwechslung in den Speiseplan zu bringen. Auch ein roher Apfel in Würfel geschnitten wird schleckend von allen Vierbeinern vertilgt.
Im Kühlschrank lassen sich die Zutaten aufbewahren und um den Aufwand geringer zu halten, gefriere ich das rohe, bearbeitete Gemüse ein.

Seitdem unsere Hunde so ernährt werden, haben sie eine ruhige Verdauung ohne Blähungen, einen guten Kotabsatz, ein glänzendes Fell und einen gut bemuskelten Körper.

Mal sehen, ob da noch was drin ist.

Heute steht noch Apfel auf dem Speiseplan, wenn ich ausgespielt habe.

Die Meinung über die Anzahl der Mahlzeiten und die damit verbundenen Fütterungszeiten gehen stark auseinander. Während einige Großhundebesitzer ihren Vierbeiner nur einmal täglich abends füttern, hatte ich von jeher unsere kleinen Hunde morgens und spätnachmittags gefüttert. Dies behielt ich auch bei, als unser erster Windhund zu uns kam.

Eine Änderung nahm ich 2007 vor, als wir unser Pflegekind Shakina bekamen. Sie war etwa 18 Wochen alt, da fiel mir ihr stinkender, ockerfarbener Stuhlgang auf. Die Ergebnisse der Tests auf Darmparasiten waren allesamt negativ, leider auch die der Enzyme. Diese und der Gallensaft zerlegen das aufgenommene Futter in seine Bestandteile. Winzige Nährstoffe gelangen ins Blut und versorgen damit den gesamten Organismus. Ist diese Versorgung gestört, treten Durchfall, Blähungen, Völlegefühl, aber auch Mundgeruch auf.
Ursache war also eine Bauchspeicheldrüsen-Störung. Sie sorgte für einen Enzymmangel. Hiergegen helfen Enzymtabletten, die dem Futter hinzugegeben werden. Die Tagesration für Shakina betrug zu der Zeit bereits mehr als 500 g und wir gaben von da an zu jeder Mahlzeit ein Arzneimittel aus der Humanmedizin, das verdauungsfördernde Stoffe (Enzyme) aus der Bauchspeicheldrüse (Pankreas) vom Schwein

Zum Nachtisch etwas für die Zahnpflege!

enthält. Die Dosierung richtete sich nach der Beschaffenheit des Stuhlgangs. Eine Kontrolle der Bestandteile wurde in den ersten drei Monaten alle drei Wochen durchgeführt. Danach war Shakina gut eingestellt. Und ab diesem Zeitpunkt wurden die Mahlzeiten auf dreimal verteilt.

Um den Fütterungsaufwand gering zu halten, stellten wir damals alle Hunde um. Die Portionen sind morgens wie bei einem Kaiser, mittags wie bei einem König und abends die eines Bettlers. In Gramm ausgedrückt: Bei einer Tagesration von 330 g Trockenfutter und etwa 60 g Kartoffeln und 60 g Karotten sind das:
160 g + 30 g + 30 g morgens um 7 Uhr
100 g + 30 g + 30 g mittags gegen 14 Uhr
70 g abends gegen 21 Uhr

Die Zeiten variieren ein bisschen, denn auch der Magen eines Hundes hat eine Uhr, wie wir feststellen konnten.
Zu diesen festen Bestandteilen einer Mahlzeit geben wir auch gern Nahrungsergänzungsmittel dazu. Positiv haben sich Hefetabletten für die Haut, reines Grünlippmuschelmehl von Makana für den Knochen- und Sehnenbau sowie auch Spirulina für das Immunsystem ausgewirkt.

Zu der Frage, ob Windhunde ein spezielles Futter brauchen, kann ich nur über meine Erfahrung berichten:
Bei Welpen in der Aufzucht ist dringend darauf zu achten, dass der Proteingehalt unter 21 % liegt. Protein steigert das Wachstum, was bei Windhunden (und auch bei anderen großen Rassen) zu enormen Problemen führen kann.

Limexx, unser Rüde, hatte im Alter von 16 Wochen diese Wachstumsstörung. Ohne ersichtlichen Grund fing er akut an zu lahmen. Bei der Röntgenuntersuchung wurde in den Röhrenknochen der Vorderläufe (Elle und Speiche) eine Art „Blasenbildung" festgestellt. Bei der orthopädischen Untersuchung zeigte Limexx durch bestimmte Griffe eine hohe Schmerzempfindlichkeit. Der Fachausdruck hierfür lautet: Panostitis (vollständige Knochenentzündung) – weitere Bezeichnungen sind Enostose, Eosinophile oder Panostitis eosinophilica. Hierbei handelt es sich um eine schmerzhafte Entzündung der langen Röhrenknochen. Die genaue Ursache für die Entstehung ist ungeklärt. Bisher konnten weder Bakterien noch Viren nachgewiesen werden. Besonders junge, noch wachsende Hunde im Alter von 18 Wochen bis 18 Monaten sind von Panostitiden betroffen. Schnelles Wachstum, Überbeanspruchung des jungen Hundes sowie ein hoher Kalzium- und Proteingehalt im Futter begünstigen die Entstehung einer Panostitis.

Selbstbedienung auf der Wiese – auch das kommt vor.

Der Heilungsprozess findet in Kombination mit Schmerzmitteln und auch kortisonhaltigen Präparaten sowie zwei bis drei Wochen konsequentes Leinegehen, jedoch in ganz kurzen Intervallen, statt. Auch im Haus darf der Welpe oder Junghund während dieser ersten Phase nicht umhertollen, was sich mitunter sehr schwierig mit dem Bewegungsdrang vereinbaren lässt.

Je früher bei einem Welpen solche Wachstumsstörungen auftreten, umso länger muss die Zeit der Schonung sein. Auch wenn nach drei Monaten eine Besserung in Sicht ist, können nochmalige Probleme bis zum 2. Lebensjahr auftreten.

All unsere Windhunde bekommen ein Futter, in dem höchstens 22 % Protein mit einem Fettgehalt von 10 bis 14 % enthalten sind. Sie haben ein ausgeglichenes Wesen, eine gute Verdauung und wunderschönes Fell. Es ist kein Spezialfutter für Windhunde, das sei noch erwähnt.

Gugus Rezept für 5 Portionen:

- 400 g Putenfleisch (ebenso geeignet sind Schwein oder Huhn)
- 2 Zucchini
- 4 Karotten
- 2 Kartoffeln

(wahlweise: 100 g Reis oder 80 g Dinkelnudeln)

Pute oder Huhn in ausreichend Wasser und einem Esslöffel Olivenöl für etwa 25 Minuten dünsten, Schweinefleisch entsprechend mehr. Hier liegt die erforderliche Kerntemperatur bei 80 bis 85 °C.

Separat die Zucchini, Karotten und Kartoffeln in Stifte schneiden, ebenfalls Wasser und Olivenöl dazugeben und etwa 40 Minuten bei schwacher Hitze dünsten. Je weicher das Gemüse ist, desto besser kann es der Hund verdauen.

Eine Futterration besteht aus 80 g Fleisch, 120 g Gemüse und 80 g Reis oder Dinkelnudeln.

Hinzu gebe ich Weizenkeime und Weizenkleie, jeweils einen Esslöffel, sowie Vitamine von Anibio und Eierschalenkalk von Lunderland. Ein Schuss Leinöl und das Menü ist fertig.

Es muss nicht immer Leberwurst sein ...

Unsere Hunde erhalten dreimal täglich ihre Mahlzeiten. Wenn ich es mir genauer überlege, schon ein recht aufwändiger Part, der sich jedoch bei all unseren kranken Hunden positiv auswirkt.

Betteln am Tisch gibt es bei uns nicht. Die Hunde kennen kein Heißhungergefühl, da sie mehrere Mahlzeiten erhalten. Außerdem sind die kleinen Portionen auf den Tag verteilt bekömmlicher.

Leckerlis oder kleine Happen zwischendurch, das lieben alle Hunde. Dafür müssen sie nicht einmal etwas geleistet haben.

Galgos können Gedanken lesen!

Unsere Hundebande beobachtet uns und sie „hören" unsere Gedanken. Klingt lustig und unglaublich, ist aber so.

Angefangen hat es damit, dass mein Mann eines Abends damit begann, altes Brot vom Vortrag dünn mit Leberwurst zu bestreichen, um es im Anschluss von unserer Vesper an die Hunde zu verteilen. Wie im Stuhlkreis stehen dann die Hunde um meinen Mann herum und warten, bis sie ihre Namen hören. Der ein oder andere setzt sich auch hin, weil es ihm zu lange dauert.

Zunächst dachten wir, dass sich unsere Windhunde diesen abendlichen Zeitpunkt merkten, doch weit gefehlt – es muss nicht die Leberwurst sein.

Während unseres Urlaubs schnitt sich Micha eine Wassermelone, nachmittags bei großer Sommerhitze. Sein Gedanke war, gleich für uns alle (auch für unsere Windis), eine Schüssel vorzubereiten. Allein der Ansatz dieses Gedankens ließ die gesamte Horde aufstehen und in die Küche gehen, um bei der Zubereitung zuzusehen.

Dieses Phänomen ist auf viele andere Situationen übertragbar, auch wenn es nicht um Futter geht.

Das regelmäßige Wurstbrot darf nicht fehlen.

Am Samstag werden Brötchen geholt: Es ist aber ein Morgen wie jeder andere und doch stehen die zwei Buben Limexx und Phoenix auf, um mit auf die „Jagd" zu gehen. Sie stehen an der Kellertreppe, um mit ins Auto zu dürfen.
Wochentags, wenn Micha zur gleichen Zeit aufsteht, genauso ins Bad geht und dann den ersten Kaffee trinkt, bleiben die Hunde liegen und schlafen weiter. Selbst der Versuch, am Samstag noch den Geschäftsanzug anzuziehen, ließ die Hunde nicht beirren.
Es gibt unzählig viele Beispiele. Eines ist sicher, kein Gedanke ist vor unseren Hunden sicher.

Limexx weiß genau, wann er zum Einkaufen mitgenommen wird.

Das Gerücht: Ein Galgo lässt sich nicht erziehen

Es kommt auf die Sichtweise des Betrachters an. Wenn ich unter Erziehung den unbedingten Gehorsam erwarte, würde ich das Gerücht bejahen. Für mich sind andere Dinge wichtig wie zum Beispiel, unseren Hunden das stressfreie Leinegehen oder das „ordentliche" Fressen in der Gruppe zu lehren, kein Leinepöbeln, Abrufen aus der Bewegung und die Aufmerksamkeit auf mich zu lenken. Und dies alles kann man dem Galgo Español durchaus beibringen.

Wie bei anderen Hunden auch sollte man bei Galgos so früh wie möglich mit der Erziehung beginnen.

Ich kann jederzeit einen oder mehrere Hunde zu Freunden, zu unserem Seniorenkreis im Altenheim, zum Friseur oder auf Hundefestivals mitnehmen und mich darauf verlassen, dass weder Aggression noch Unverträglichkeit von ihnen ausgeht. Wie gesagt, es ist meine Sichtweise, die für mich als Mehrhundehalter ganz wichtig ist.

Wenn Sie jedoch einen Galgo als Einzelhund halten, bietet sich die Möglichkeit an, eine Erziehungsmethode zu wählen, die vor allem auf Verständnis basiert. Sie können gern mit einem Windhundwelpen die Hundeschule besuchen. Kontakte mit anderen Hunden im Welpenalter sind mitunter die wichtigsten Erfahrungswerte, die Sie als Hundebesitzer nicht ersetzen können. Im Spiel mit anderen Vierbeinern werden Regeln aufgestellt, es wird ausgetestet, wie weit kann ich gehen. Da werden auch einmal die Zähne eingesetzt und es wird auch einmal aufgeschrien, weil es wehtat. Im Spiel unterwerfen sich die Partner und Hunde lernen, sich sozial zu verhalten. Wie sollte der Hundebesitzer dies vermitteln?

Mehrere Galgos sind eine Herausforderung – aber es klappt mit der richtigen Erziehung.

Es gibt Windhunde, die laufen vom Welpenalter an, als wären sie mit Leine zur Welt gekommen. Dann gibt es welche, die ziehen einen von A nach B und vergessen in ihrem Eifer, dass da auch noch jemand am anderen Ende der Leine hängt.
Solche Erlebnisse hatte ich mit Phoenix. Für ihn war jeder Spaziergang so aufregend, dass er sich nicht entscheiden konnte, ob er jetzt auf der rechten oder doch lieber auf der linken Seite riechen sollte. Wenn Sie einen Hund an der Leine haben, dann ist dies vielleicht noch zu ertragen. Bei zweien wird es schwer und spätestens bei dreien vereinen sich die Leinen in ein Bändertanzformat und Sie sind nur noch damit beschäftigt, unbeschadet aus dieser Nummer herauszukommen.
Ich wollte nicht zum Gespött der Straße werden und nahm mir unseren nervösen Phoenix allein zur Brust.

Viele Erziehungsmaßnahmen übernehmen auch ältere Galgos.

Zunächst mit Leckerchen aus feinstem Leberkäse vollgestopften Hosentaschen machten wir zwei uns auf den Weg. Die Nase von Phoenix war ganz nah an meinem Hosenbein – ein ganz neues Gefühl und ich dachte noch, wie einfach es ist. Den Gedanken noch nicht zu Ende gedacht kamen mir die Nachbarn mit ihren zwei Hunden entgegen. Im Nu war der Leberkäse vergessen und Phoenix nur damit beschäftigt zu erreichen, schnellstens auf die andere Straßenseite zu kommen. Von unserem Vorhaben war keine Spur mehr zu sehen. Wir brachen an dieser Stelle ab und gingen nach Hause.

Hierzu mein Tipp: Mit Leckerchen habe ich auf unserer Koppel das Abrufen geübt und hierfür eignete sich auch der Leberkäse. Mit Freude stellte oder setzte ich meine Hunde an einer Stelle ab, lief ein paar Meter und rief sie dann zu mir. Hier ist es egal, ob die Finger fettig sind. Wenn Sie jedoch mit der Leine laufen, dann brauchen Sie beide Hände, um eventuell die Leine wie im vorher gebrachten Beispiel mit beiden Händen halten zu können.

Zurück zu dem nervigen Hin- und Herlaufen unseres Phoenix – ich fuhr mit ihm ein Stück aufs Land. Wir stiegen aus und ich suchte mir einen asphaltierten, breiten Flurweg, der mir die Möglichkeit bot, so in der Mitte zu laufen, dass es für Phoenix weder rechts noch links möglich war zu schnüffeln. Immer wenn er die Nase wieder in Richtung Boden steckte, wechselte ich das Tempo oder die Laufrichtung und forderte ihn auf, mit mir zu gehen. Die Leine ließ ich durchhängen. Sie ist nur einen Meter lang und mit einer Handschlaufe versehen.

Diese Übungen sollten Sie nicht zu oft wiederholen und immer dann beenden, wenn es der Hund in diesem Moment zu Ihrer Zufriedenheit erledigt hat. Mit diesem positiven Gefühl motivieren Sie Ihren Hund und er wird Freude an dieser Übung haben.

Phoenix war damals 15 Monate alt und in seiner zweiten Flegelphase. Jeden Tag nahmen wir uns zweimal diese Auszeit aus der Gruppe und übten etwa 10 Minuten. Danach wurde gespielt, um die Anspannung wieder zu lösen. Für uns mag dies keine anstrengende Aufgabe sein, für Hunde ist es jedoch sehr anstrengend. Heute läuft Phoenix entspannt an der Leine und ich nehme ihn gern als Vorzeigehund mit, wenn ein Neuankömmling seinen ersten Spaziergang mit uns erlebt.

Die Leinenführigkeit kann mit einem Galgo problemlos geübt werden.

Die Galgowiese: Rudelhaltung – Gruppenhaltung

Wie bereits erwähnt, werden Galgos in Spanien in sehr großen Gruppen gehalten. Ich kenne keine andere Rasse, bei der die Anzahl der Hunde eine so unerhebliche Rolle spielt. Sicherlich gibt es Sympathien untereinander, die durch enges Aneinanderliegen auf dem Sofa oder im Körbchen zum Ausdruck kommen. Bei uns tun dies die wenigsten, doch einen respektvollen Umgang miteinander pflegen sie alle.

Wir füttern alle Hunde stets gemeinsam. Unterstützung habe ich mir durch unsere Futterständer geholt. Diese stelle ich stets in der gleichen Reihenfolge an den gleichen Platz. Ein jeder kennt seine Stelle und wird von Beginn an darauf konditioniert, dort stehen zu bleiben.

Alle Galgos gehen miteinander respektvoll um.

Auch bei unseren Hunden gibt es Schlinger und Genießer. Während die einen noch genüsslich auf ihrem Futter kauen, haben die anderen bereits ihre gesamte Mahlzeit „inhaliert". Hier muss ich dann die flinken Esser kurz festhalten, sodass sich die anderen nicht genötigt sehen, ihr Futter zu verteidigen. Denn Futterneid ist etwas, das kann ich nicht leiden und dies wissen unsere Hunde.
Unter den Galgos gibt es nur wenige, die wirklich gern Einzelhund sein möchten. Das erkennen wir im Vorfeld. Sie sondern sich ab, drängeln sich stets dazwischen, knurren und schnappen mitunter ihre Hundekumpels ab. Ist dies der Fall, so schreiben wir es auch in unsere Vermittlungstexte. Meistens lebten diese Galgos mit anderen Hunderassen zusammen und hatten in diesen Gruppen keine Möglichkeit zur Abwehr oder wurden sogar gemobbt. Sie sind förmlich „hundesatt" und wir freuen uns, dass es auch Menschen gibt, die einem solchen Einzelgänger ein Zuhause bieten wollen. Sie wollen ihre Menschen für sich allein haben, was nicht heißt, dass sie von einem Spiel mit anderen Hunden außerhalb des Hauses abgeneigt sind.

Das gemeinsame Spiel ist für die Galgos ganz wichtig.

Um diesen Hundehaltern mit ihren Windhunden auch ausreichende Kontakte zu anderen Gleichgesinnten zu ermöglichen, bieten diverse Tierschutzvereine für Interessenten, Neulinge in der Windhundeszene und Windhundebesitzer Ausläufe in eingezäunten Grundstücken an. Im Internet finden Sie Windhundeausläufe und können sich durch das Eintragen in den Newsletter die Bekanntmachungen online senden lassen. Sie erhalten in regelmäßigen Abständen gesondert Infos über Termine, Treffen, Veranstaltungen und geführte Spaziergänge.
Nutzen Sie diese Ausläufe, wenn Sie in Ihrer Gegend keine Windhunde finden. Ihr Hund dankt es Ihnen.

Auf der „Galgowiese" können sich unsere Hunde richtig austoben.

Wer ist der Liebere von beiden – Hündin oder Rüde?

Viele Hundefreunde stellen sich häufig vor der Anschaffung eines neuen Vierbeiners die Frage: Soll ich lieber einen Rüden oder eine Hündin nehmen? Gibt es da erhebliche Unterschiede? Und wenn ja, was passt besser zu mir?

Warum ich mir immer Hündinnen angeschaut habe, kann ich nicht erklären. Ich weiß noch wie es war, als ich mich mit dem Gedanken trug, einen eigenen Hund ins Haus zu holen. Da fanden Gespräche bezüglich der Verträglichkeit, der Verschmustheit, ja sogar der Treue statt und immer wieder kam die Aussage, dass es die Hündinnen seien, die diese Attribute allesamt vereinten. Was ich hierzu sagen möchte, ist nicht allein auf den Windhund bezogen. Es ist die eigene Einstellung, die sich bei mir mit den Jahren etwas verändert hat.
Zunächst war die Größe des Hundes ausschlaggebend – Hündinnen sind im Allgemeinen kleiner und zierlicher gebaut. Mit den Jahren erkannte ich aber, dass es unter Hündinnen sogar mehr „Zicken" gibt als unter den Rüden. So lernte ich Galgas – also weibliche Galgos – kennen, die vor Selbstvertrauen nur so strotzten. Sie liebten es, die volle Aufmerksamkeit von allen Familienmitgliedern ausschließlich für sich zu bekommen, für einen Nebenbuhler hätte es keinen Platz gegeben. Bisher kannte ich solche Verhaltensweisen nicht und diese sind wiederum nicht geschlechtsspezifisch.

„Sensibelchens" – so nennen wir unsere Windhunde, für die ein schräger Blick schon Bestrafung genug ist – gibt es sowohl bei den Hündinnen als auch bei den Rüden. In Spanien haben die Hündinnen einen höheren Stellenwert, nicht nur wegen der Zucht. Den Hündinnen wird nachgesagt, sie würden strategisch klug jagen, sie hätten mehr Ausdauer und sie wären die stärkeren Hunde. Deshalb werden Hündinnen oftmals erst nach der Jagdsaison in der Tötung abgegeben, um ihre „Dienstleistung" bis zum Schluss auszunutzen.
Die meisten Rüden, die wir aus der Tötungsstation holen, sind jünger als 18 Monate. Sie werden ausschließlich für eine Jagdsaison verwendet und dann „entsorgt".

In Spanien haben Hündinnen einen höheren Stellenwert als Rüden.

Gassi gehen

Gassi gehen bedeutete für meine Feline (ein Tibet Apso) und für mich vor allem, andere Hundebesitzer zu treffen, über Gott und die Welt zu plaudern und ab und zu einen Apfel zu werfen und sich zu freuen, dass sich unsere Hunde so gut allein beschäftigen konnten.

Dies änderte sich zusehends, je mehr Galgos in unsere Familie kamen. Die Spaziergänge waren nicht mehr mit so vielen Freiheiten für Hund und Mensch verbunden. Um uns herum gibt es fast ausschließlich Streuobstwiesen und eine stark befahrene Schnellstraße ist ungefähr 3,5 km entfernt. Keine wirkliche Entfernung für einen Sprinter – sprich: für einen Windhund.

Ich selbst gehöre zu den vorsichtigen Hundebesitzern, denen die Sicherheit noch vor allem anderen steht. Hasen, Katzen, Krähen und Rehe kreuzen immer wieder unsere Spazierwege und so veränderten wir auch hier unser Laufverhalten. Ich nehme unsere Umwelt bewusster wahr. So achte ich auf die Schreie des Eichelhähers. Höre ich seine Laute, so weiß ich, dass Wild in der Nähe lauert. Kreisen die Bussarde am Himmel, sitzen Hasen im hohen Gras oder verstecken sich in wilden Brombeerhecken. Nichts ist schlimmer, als wenn Windhunde unverhofft gemeinsam in die Leine preschen. Mit ihren kraftvollen Ansätzen hebeln sie einen förmlich aus den Schuhen. Da unsere Spaziergänge ausschließlich an der Leine stattfinden, achte ich sehr auf diese Boten. Mein Schritttempo hat sich dementsprechend auch verändert.

Aufgrund der körperlichen Einschränkungen manch unserer Hunde laufe ich in zwei Gruppen. Hier können die Hunde schnüffeln, markieren, mit mir kurze Aufmerksamkeitsübungen machen, Kontakt mit anderen Hunden pflegen und erfahren somit mehr an geistiger Auslastung.

Für ungefähr zwei Stunden besuchen wir dann gemeinsam unsere ein Hektar große Koppel, sie regt die Hunde an zu Rennspielen, Spurensuche, Mäusejagd und hier können sie die Windhunde meiner Freundin treffen. Hier ist der Windhund in seiner Welt angekommen, es entspricht dem Naturell des Sprinters.

Wird der Galgo Español in dieser Form geistig und körperlich entsprechend ausgelastet und bekommt danach auch ausreichend Zeit, sich zu regenerieren, so haben Sie mit Sicherheit den ruhigen Hund zu Hause, wie er von Vielen beschrieben wird.

Spaziergänge an der Leine müssen diszipliniert stattfinden, da Galgos eine enorme Zugkraft haben.

Auf unserer Koppel können sich die Galgos dann richtig austoben.

Es geht schneller, als man denkt – der Windhund auf der Flucht

Egal ob Sie einen Windhund von einer deutschen Pflegestelle übernehmen oder ihn direkt aus Spanien adoptieren – es gilt besonders in den ersten 14 Tagen äußerste Vorsicht, wenn Sie mit dem Hund das Haus oder das Auto verlassen.

Keine Flexi-Leine

Verwenden Sie keine Flexi-Leinen. Die ersten Sprünge sind die kraftvollsten Sprünge – der Hund würde Ihnen die Leine nebst dem Gehäuse aus der Hand reißen, von dem Schreck, dem Geklapper und dem Risiko einer Verletzung ganz zu schweigen. Und auch eine lange Schleppleine ist für einen Galgo nicht geeignet. Denn diese festzuhalten, wenn der Hund plötzlich losrennt und aufgrund der Leinenlänge schon ein richtiges Tempo hat, ist fast unmöglich oder kann zumindest mit erheblichen Verletzungen oder Zerrungen – sowohl für den Menschen als auch für den Hund – einhergehen.

Denn häufig reagieren Windhunde aus Angst oder Unsicherheit einfach mit Flucht, wenn sie in ungewohnter Umgebung und mit für sie noch fast fremdem Menschen unterwegs sind. Denn so schnell lässt sich am Anfang noch keine enge Bindung aufbauen, die ein panikartiges Weglaufen verhindern könnte. Und selbst später kann es sein, dass ein Galgo aus verschiedensten Gründen ganz plötzlich die Flucht ergreift. Wir sichern daher alle unsere Hunde in dieser Zeit doppelt. Der Hund trägt hierbei ein Halsband, auf dem die Telefonnummer vermerkt ist, und ein Sicherheitsgeschirr. Der Glaube, dass es ausreicht, den Hund mit einer längeren Leine an beiden Vorrichtungen zu sichern, hat sich als unzureichend erwiesen.

Deshalb meine Bitte: Sichern Sie Ihren Windhund mit zwei separaten Kurzleinen. Die eine befestigen Sie am Halsband, die andere am Geschirr. Die Leinen werden nicht in einer Hand gehalten, sondern jeweils in der rechten und linken. Es mag sehr umständlich klingen, doch kommt ein Hund in Panik, so haben Sie sonst keinerlei Einwirkung und auch keine Chance mehr, aufgrund der kraftvollen, wendigen Bewegungen des Hundes, diesen aufzuhalten.
Leider werden diese Situationen noch immer unterschätzt und die Meldungen von entlaufenen Hunden nehmen nicht ab.

Von gegrilltem Hühnchen, Pansen und entlaufenen Hunden

Einer der tragischsten Momente für mich ist, wenn durch Unwissenheit und Unachtsamkeit ein Hund die Möglichkeit zum Fliehen findet. Auch wenn er eine noch so enge Bindung oder Vertrauen zu seinem Besitzer hat, ist dies kein Garant dafür, dass nichts passiert. Eine Ausnahmesituation reicht aus und der Hund rennt weg.

Ein Galgo muss immer durch das passende Geschirr gesichert sein.

Wir empfehlen allen unseren Windhundebesitzern den Erwerb eines Sicherheitsgeschirres. Sicherheitsgeschirre sind so beschaffen, dass der Hund am Hals, hinter den Vorderläufen und zusätzlich durch einen dritten Gurt in der Taille gesichert wird. Gute Tierfachgeschäfte haben eine sehr große Auswahl an Geschirren, die anprobiert und erworben werden können. Wenn Sie sich über die richtigen Maße für Ihren Hund sicher sind, so können Sie solche Geschirre auch im Internet bestellen.

Bei Jagdhunden gilt stets, dass der Hund an den Ort zurückkehrt, an dem er seinen Herrn „verloren" hat. Dieser Satz hat größte Bedeutung für Hunde, die sich bereits eingelebt haben, und wenn die Möglichkeit besteht, warten Sie an dieser Stelle. Sicherlich kann so eine Hetzjagd mehrere Stunden dauern, doch Ihr Galgo erwartet Sie dort. Dafür wurde er einst in Spanien gezüchtet.

Besteht diese Möglichkeit nicht oder haben Sie noch keine gefestigte Bindung zu Ihrem neuen Familienmitglied, legen Sie an dieser Stelle ein Kleidungsstück von Ihnen ab. Wichtig ist es auch, den Verlustort mit Futter und eventuell seiner Decke auszustatten. Viele Hunde kehren an diesen Ort nach Minuten oder Stunden zurück, falls sie nicht vertrieben werden. Gegrilltes Hühnchen ist hierbei für viele Hundenasen ein Leckerbissen und deshalb als Lockmittel bestens geeignet.

Ihr Hund sollte gechippt und beim Haustierzentralregister gemeldet sein, damit er im Notfall identifiziert werden kann und Sie benachrichtigt werden können.

Erst vor Kurzem habe ich aber die Erfahrung gemacht, dass es noch ein wirksameres Lockmittel gibt, wenn der Galgo selbst von dem schmackhaften Hühnchen nicht zu einem Herankommen überredet werden kann, wie folgende Geschichte zeigt.

Silas wurde viel zu früh, nämlich schon einen Tag nach seiner Ankunft, ohne Leine laufen gelassen, wohlgemerkt in einem vermeintlich sicheren Barockgarten. Das Resultat dieses Ausfluges war, dass die Adoptantin ohne Hund heimging. Der Hund, der hier noch gar nichts kannte, irrte fünf Tage umher und kam schließlich an den Ausgangspunkt zurück. Das Grillhähnchen der vergangenen Tage lockte ihn nicht mehr. So setzten wir die wohl stärkste Waffe ein: den grünen Pansen. Er stinkt meilenweit und Silas, der zuletzt in der Nähe des Barockgartens gesichtet worden war, roch diese Leckerei. Nach nur 20 Minuten kroch er durch ein Loch im Zaun. Eine weitere Galgobesitzerin mit Hündin war ebenfalls vor Ort. Gemeinsam mit den beiden konnte die Rettung erfolgen und die Geschichte nahm doch noch ein gutes Ende. Alles ging sehr schnell und es sind Momente, die man nie vergisst.
24 Stunden nach dieser Aktion schlief Silas noch immer – der grüne Pansen, unser letzter Trumpf, hatte große Wirkung gezeigt.

Sollte Ihnen Ihr Hund – aus welchen Gründen auch immer – entlaufen, benachrichtigen Sie alle Stellen wie TASSO (das Haustierzentralregister), die Polizei, den Jagdpächter, das Tierheim und machen Sie alle Spaziergänger mit Flyer auf den Verlust Ihres Hundes aufmerksam.
Laufen Sie bei der Suche nicht in großen Gruppen und rufen Sie nicht den Namen des Hundes, da Sie ihn dadurch in große Bedrängnis bringen. Wenn Sie Ihren Hund entdecken, gehen Sie in die Knie und zeigen Beschwichtigungssignale, indem Sie den Kopf leicht senken und zur Seite drehen. Sprechen Sie ruhig und mit hoher Stimme, locken Sie ihn und motivieren ihn damit, zu Ihnen zu kommen.
Nähert sich der entlaufene Hund, so machen Sie keine hektischen Bewegungen. Versuchen Sie auch nicht gleich, das Halsband zu erhaschen. Sie haben Zeit, der Hund wartet ab, ob er mit einer Bestrafung zu rechnen hätte. Und dies sollte bitte auf keinen Fall erfolgen. Freuen Sie sich, dass dieser Ausflug für Sie beide schadensfrei verlaufen ist und knuddeln Sie Ihren Ausreißer.

Was ist zu tun, wenn ein Hund entlaufen ist:

- Sofortige Meldung bei der Polizei, bei TASSO und im nächsten Tierheim
- Aushängen von Flyern mit Foto, Kurzbeschreibung und Telefonnummer an stark frequentierten Orten
- Ruhe bewahren
- Keine Suchtrupps organisieren
- Die Tierschutz-Organisation informieren

Schneeflöckchen - Hunderöckchen

Während ich es vor vielen Jahren selbst noch belächelte, wenn ich kleine Hunde mit Wollpullover herumlaufen sah, so hat sich meine Meinung dahingehend grundlegend geändert.
Unsere Feline, eine Tibet Apso Hündin, ließ ich mehrmals im Jahr scheren. Der Grund dafür waren eine Erkältung, verursacht durch das nasse Fell im Brustbereich, und ein Husten, der über den gesamten Winter behandelt werden musste.

Ein passender Mantel behindert die Galgos beim Toben nicht.

Für Galgos ist es äußerst sinnvoll, sie bei entsprechendem Wetter mit einem Mantel zu schützen.

Seitdem bekam sie bei kühlen Temperaturen ihr Mäntelchen an, zunächst etwas abwehrend, doch im Laufe der Jahre hatte sie sich immer mehr daran gewöhnt.

Für unsere Galgos ist es schon selbstverständlich, dass sie bei entsprechendem Wetter einen Mantel tragen. Die Anbieter von Hundemänteln bringen bereits richtige Kollektionen auf den Markt und vom Regen- bis hin zum flauschigen Wintermantel bleibt kein Wunsch offen, wenn es um Materialien, um Farbenvielfalt, um unterschiedliche Nähmuster und um den Preis geht. Wir haben für unsere Hunde bezahlbare und qualitativ gute Mäntel gefunden. So gibt es keine Unterschiede in der Bewegung mit oder ohne.
Manche unserer Hunde tragen ihren Mantel mit einem Brustlatz, für manche reicht jedoch der „Überwurf" mit einer Verschlusslasche am Bauch. Wir machen die Auswahl von der Fellbeschaffenheit des jeweiligen Hundes abhängig.

Häufig verlieren die Windhunde nach der Kastration ihre Haare am Hals, an der Brust und an den Hinterschenkeln. Manchmal behilft sich die Natur selbst und das Haar wächst nach, aber oft bleiben diese Stellen nackt und dann empfehle ich den Brustlatz. Ist der Hals ebenso schlecht behaart, so werden auch Schalkrägen angeboten, die entweder ganz entfernt werden können oder gut umzuschlagen sind.

Wir bevorzugen die doppelt genähten Fleece-Mäntel, die auch bei Schneefall und leichtem Regen die Feuchtigkeit zurückhalten. Sie sind leicht zu reinigen, liegen am Körper gut an und verrutschen so gut wie gar nicht. In Spanien bekommen unsere Galgos diese Mäntel als Schlafanzüge. Die Nächte zwischen November und Februar sind empfindlich kalt und die wenigen Decken oder Handtücher, die unsere Galgos in ihren Körben liegen haben, reichen nicht einmal aus, um die Bodenkälte abzuhalten.

Der Energieverlust in den kalten Nächten ist sehr hoch, was wiederum heißt, dass manche Hunde binnen weniger Tage sehr an Gewicht verlieren. Dem wirken wir entgegen und packen unsere Hunde in der Nacht warm ein.

Windhund als Therapiehund – geht das?

Seit 2005 besuche ich regelmäßig das Seniorenheim unserer Stadt mit einigen meiner Hunde. Immer montags um 10 Uhr haben wir unseren Einsatz. Wir besuchen dann jeweils nur ein Stockwerk. Viele erwartungsvolle Gesichter begrüßen uns und die Bewohner können es kaum erwarten, das warme, glatte Fell der Hunde zu berühren. Jutta, die Aktivistin im Seniorenheim, hilft mir. Sie ist die leitende Kraft, ohne die ich mein ehrenamtliches Engagement nicht ausüben könnte.
In einem Stuhlkreis erzählen wir uns Geschichten, bewegende Momente aus „alten Tagen" und dabei streicheln die Bewohner des Altenheims die Hunde. Mit Feline und Snoopy einst angefangen, üben heute diese „Arbeit" nur noch die Galgos aus.
Nena, Limexx, Phoenix und Isita sind zu Profis geworden. Sie nehmen auf ihre Art Kontakt auf und so „knacken" sie auch die harte Schale derer, die schon lange nichts mehr von ihrer Umwelt wahrnehmen.

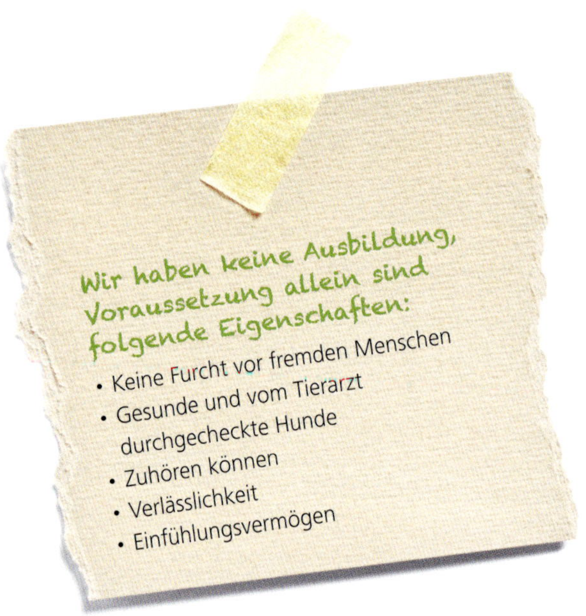

Die Besuchsstunde im Altenheim ist für viele Senioren einer der Höhepunkte der Woche.

Und so handhaben wir fünf es heute noch. Wir brauchen nichts mitzubringen, nur Zeit, unsere aufmerksamen Ohren und Freude am Zuhören.

Die Senioren sind sehr unterschiedlich und trotzdem finden unsere Hunde einen unaufdringlichen Zugang zu ihnen. So hatten wir eine Dame in unserem Stuhlkreis, die seit ihrer Ankunft vor vier Monaten keine Regung gezeigt hatte. Sie hatte die ganze Zeit ihre Augen geschlossen und beteiligte sich auch sonst nicht am Tagesgeschehen. Die Pfleger meinten es gut mit ihr und brachten sie im Rollstuhl in unsere Sitzgruppe. Ich nahm ihre Hand und legte sie auf Isitas Rücken. Vier lange Monate hatte es keine Reaktion von diesem Menschen gegeben – und dann plötzlich ein Lächeln.

Den Pflegerinnen und uns standen die Tränen in den Augen. Einem jeden wurde klar, wie wichtig diese regelmäßigen Besuche sind und dass die Arbeit unserer Hunde nicht so belanglos abgetan werden darf.

Bei diesen Senioren lösen die Kontakte ganz viele emotionale Momente aus. Sie geben für eine Stunde Lebensglück zurück. Und unsere Hunde wissen jeden Montag neu, für wen sie sich besonders annehmen, nämlich derer, denen es an diesem Tag nicht so gut geht.

Geschichten aus dem Alltag

In diesem Kapitel finden Sie eine Reihe von lustigen und auch etwas tragischen Geschichten, die sich bei uns im Laufe der Jahre zugetragen haben. Sie sollen Ihnen zeigen, dass jeder unserer Galgos etwas ganz Besonderes ist. Jeder hat individuelle Charakterzüge und ein unverwechselbares Wesen.

Vielleicht finden Sie darin auch Parallelen zu Ihrem Hund oder lernen, ihn besser zu verstehen. Auf alle Fälle zeigt es anhand von den verschiedenen Galgo-Schicksalen, was es so einzigartig macht, mit diesen außergewöhnlichen Hunden zu leben und sich ihrer anzunehmen.

Menschen(s)kinder

Die Tierschutzarbeit begann ich mit Charlene, einer ausgewachsenen Galga (das ist die offizielle Bezeichnung für einen weiblichen Galgo). Es war eine holprige Zeit, denn die Beschreibung stimmte nicht ganz und der einst angeblich katzenverträgliche Hund erwies sich als „Katzenfresser".

So erfuhr ich gleich zu Beginn, dass sich Hunde in einem anderen, neuen Umfeld auch anders verhalten können und der einstige positive Katzentest nun keinen Bestand mehr hatte.

Damals war ich unerfahren und unsicher, was Charlene spürte. Heute würde ich anders damit umgehen. In den vielen Jahren hatte ich nie mehr dieses Problem und würde nicht mehr so unbeholfen an die Sache herangehen. Wichtig ist, dass Sie, wenn Sie „Galgoanfänger" sind und mit Situationen konfrontiert werden, für die Sie keinen Lösungsvorschlag parat haben, sich stets mit den verantwortlichen Menschen Ihres Vereins zusammentun und um Rat fragen, sodass es erst gar nicht zu Problemen kommt.

In ihrer Jugend unterscheiden sich Galgos von anderen Hunderassen erheblich.

Mit diesen Erfahrungen meldete ich mich als Pflegestelle für Galgowelpen, um von Grund auf das Verhalten der Galgos erleben und besser einschätzen zu können. Im Erwachsenenalter sind Galgos wie andere Hunde auch – mit Macken, aber auch mit rassetypischen Vorzügen. Doch im Welpenalter unterscheiden sie sich doch sehr von ihren Artgenossen. Ich habe die Aufzucht deshalb mit der Erziehung von „Menschenkindern" verglichen.

Unsere Galgowelpen, wohlgemerkt ohne Mutter und Geschwister, waren allesamt sehr mitteilungsbedürftig und äußerst hilflos, wie folgende Beispiele zeigen (diese Liste könnte ich auf drei Seiten erweitern ...):

Für die kleine Mimi ist der ältere Barsoi auch ein Vorbild.

Bei jungen Galgos gehört das Umgestalten der Umgebung zur Tagesordnung.

- War der Körbchenrand zu hoch,
- der Hunger zu groß,
- das Bäuchlein zu voll,
- die Wasserschüssel fast leer,
- die Hundekumpels zu grob,
- die Hundefreunde zu müde,
- der Stuhlgang zu hart,
- die Träume zu heftig,
- oder stand der Zahnwechsel an

– es wurde immer gleich geschrien, und zwar zu jeder Tages- und Nachtzeit in einer Lautstärke, dass die ganze Familie, nebst Hunden und Katzen, parat stand, um dem Winzling seine Sorge abzunehmen. Warum die Galgowelpen ein so großes Publikum brauchen, verriet mir in den vielen Jahren keiner meiner Schützlinge. Deshalb sei an unsere Welpenliebhaber nur der eine Satz mitgegeben: Galgowelpen können mitunter sehr anstrengend sein und für manche Tage zur Vollbeschäftigung werden.

Ein Nickerchen zur Erholung muss auch sein.

Mit etwa sechs Monaten änderte sich dieses Verhalten, denn dann kam die Zeit des Entdeckens. Weniger Schlaf, dafür tatkräftiges Sammeln, Ausprobieren und Umgestalten standen auf der Tagesordnung. Seine Hundefreunde ärgern, nicht aufhören wollen, den Bogen überspannen – all dies gehört zum Lernalltag des Hundes (nicht nur des Galgowelpens). Und dann wurde er zurechtgewiesen vom Rudelchef und auch hier „heulte" der Galgo weitaus häufiger als unsere anderen Welpen. Während unsere anderen Hundekinder sich schüttelten und vorerst Ruhe gaben, petzten unsere Langnasenkinder.
Viele Jahre betrieben wir dieses Hobby. In dieser Zeit ermöglichten wir einigen Welpen und Junghunden den Start ins neue Leben. Nach vier Jahren legte ich dann eine Baby-Pause ein.

Immer mehr wurde ich mit Hunden konfrontiert, die durch Misshandlungen, Autounfälle oder einfach nur unglückliche Umstände – die Zwingerbox war zu klein und die Galgomutter trampelte nach der Geburt auf ihren Welpen herum und verletzte die weichen Knochen – körperliche „Behinderungen" zeigten. Mein Denken wandelte sich. Warum eigentlich nur gesunde, junge und schöne Hunde aufnehmen? Hat ein Handicap-Hund keine zweite Chance verdient? Ist es so viel Aufwand, neben einer geschundenen Seele auch körperliche Leiden zu heilen? Ich beschäftigte mich ausführlich damit.

Nein, es ist kein Mehraufwand, aber es erfordert mehr Einfühlungsvermögen, gerade wenn ein Mangel an Vertrauen oder Selbstvertrauen besteht. Es ist keine Aufgabe für jeden, denn es verlangt sehr viel Disziplin, seine eigenen Wünsche und Vorstellungen zurückzustecken und sich viel mehr in Geduld zu üben. Übereifer, Ungeduld oder Unachtsamkeit – und ich konnte wieder von ganz vorne beginnen.

Von der Mülltonne zum Chef – die Erfolgsgeschichte des Galgos Limexx

Es gibt viele Tier-Portale, auf denen Vereine und Züchter ihre Hunde anbieten. Ich hatte mich erkundigt und mir auch an die 20 Anbieterseiten gespeichert. Im April 2008 stieß ich dann durch Zufall im Internet auf ein Foto von einem Welpen mit übergroßen Pfoten, Kulleraugen, viel zu kleiner Nase und einem Blick „wie von einem anderen Stern".

Das Galgofieber hatte mich längst erwischt und mein nächster Gedanke war: „Nimm' mit dem spanischen Vermittler Kontakt auf und frage vorsichtig an, ob dieser Welpe noch zur Adoption steht."

Schon bald bekam ich Antwort von Patricia. Sie ist der Vorstand von „Galgos del Sur" in Córdoba und ich kannte sie bereits seit 2007. Sie beschrieb mir die Vorgeschichte des Welpen und seiner Geschwister.

In diesem Container wurden Limexx und seine Geschwister gefunden.

Passantinnen, die morgens in Còrdoba zur Arbeit gingen, vernahmen winselnde Laute. Doch woher? Sie liefen um einige große Müllcontainer herum. Nichts links und rechts davon – nichts dahinter – nichts darunter.

Das Wimmern wurde zum Schrei und den Damen wurde klar, hier liegen Welpen im Container! Der Container war nicht so gut einsehbar, eine Leiter musste her. Ganz unten, es sammelte sich bereits Kondenswasser an, sahen sie einen „Wurm", der um sein Leben zappelt. Ohne sich große Gedanken zu machen, stieg eine der beiden hinab in den fürchterlichen Gestank.

Vorsicht war geboten, denn wie viele Tiere tatsächlich hineingeworfen worden waren, stellte sich erst später heraus: Vier Welpen mit knapp fünf Wochen waren in einem Container regelrecht „entsorgt" worden.

Rüden sind "weniger wert"

Spanische Jäger entsorgen öfter Rüden, da sich Hündinnen offenbar besser zur Jagd eignen. So werden aus einem Wurf von durchschnittlich 12 bis 14 Welpen fast alle Buben aussortiert, außer sie eignen sich zur Zucht oder zur Schau. Für den spanischen Jäger gibt es aber auch andere Möglichkeiten der Entsorgung. Obwohl ein Tierschutzgesetz besteht und Strafen verhängt werden, kommt es doch nur selten zur Anklage und die Tierquälerei wird nicht geahndet.

Der junge Limexx musste sich erst mal an das neue Umfeld mit den vielen Reizen gewöhnen.

Jogan (heute: Limexx) wurde der Schreihals genannt; India, sein Bruder, überließ die Aktion dem Stärkeren. Für die beiden anderen Brüder kam jede Hilfe zu spät. Noch keine zwei Hände groß war ein Welpe, von der Mutter getrennt und weggeworfen: Flaschenkinder – nichts fürs Tierheim – jetzt hieß es schnell organisieren.
Vorher ging es noch zum Tierarzt, denn durch das „Wegwerfen" hatten sich die zwei anderen Welpen tödliche Verletzungen zugezogen.
India hatte sofort ein Adoptionsangebot; Jogan kam auf die Internetseite für die Vermittlung. Die ersten acht Wochen lebten beide ohne weitere Umwelteinflüsse und getrennt voneinander in einer Etagenwohnung in Córdoba-Zentrum – völlig reizarm, dafür liebevoll umsorgt, bekamen sie den Start ins neue Leben.

Mit den Wochen wurde aus dem „Wurm" Jogan ein hübsches Kerlchen und so nach und nach erkannten wir in ihm den Galgo. Seine ersten Impfungen überstand er ohne Probleme und nun konnten wir auf Familiensuche gehen, wobei Rüden generell eine schlechtere Vermittlungschance haben. Die Gründe reichen von „nicht so anhänglich" bis „Raufbolde". Aber jeder Besitzer eines Rüden wird diese Ammenmärchen entkräften.
Einige Anfragen klangen recht gut, doch war leider keine dabei, die für Jogan infrage gekommen wäre. Die Vorabbesuche bei den Interessenten waren dann doch nicht so ideal für einen Welpen. Hunde für Kinder anzuschaffen, ist keine gute Wahl, genauso wie die utopische Vorstellung, ein Welpe kann nach 14 Tagen ohne Probleme sechs Stunden allein zu Hause bleiben.

Aus dem Häufchen Elend wurde ein kräftiger Galgo.

Die Zeit eilte, denn die Pflegestelle hatte Patricia ein Limit gesetzt. Mit spätestens 16 Wochen sollte der kleine Galgomann sein behütetes Zuhause gegen einen Hundezwinger in der Pension tauschen.
Das wollte ich nicht und bot mich im Notfall als Pflegestelle in Deutschland an. Am 17. Juni 2008 hatten wir einen Transport und Jogan wurde auf die weite Reise geschickt.

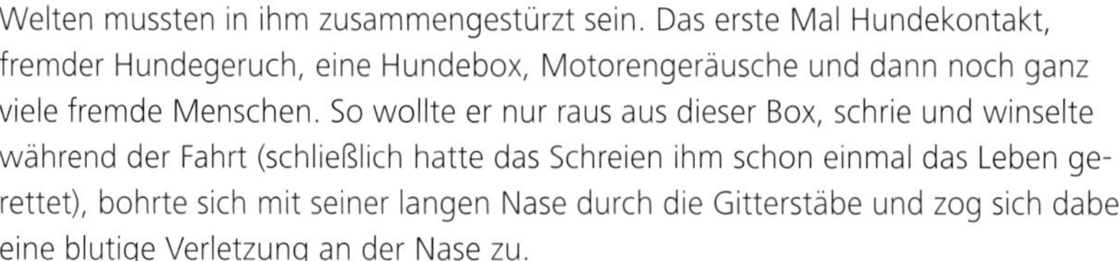

Welten mussten in ihm zusammengestürzt sein. Das erste Mal Hundekontakt, fremder Hundegeruch, eine Hundebox, Motorengeräusche und dann noch ganz viele fremde Menschen. So wollte er nur raus aus dieser Box, schrie und winselte während der Fahrt (schließlich hatte das Schreien ihm schon einmal das Leben gerettet), bohrte sich mit seiner langen Nase durch die Gitterstäbe und zog sich dabei eine blutige Verletzung an der Nase zu.

Bei der Ankunft wurde mir von Tierschutzkollegin Sandra ein völlig durchgeknallter Hund übergeben, der unter keinen Umständen auf den Boden gesetzt werden wollte. Angst und Verzweiflung machten sich breit und mein Glück war, dass ein liebes, verständnisvolles Hunderudel bei uns zu Hause auf den Kleinen wartete.

Bereits auf der Heimfahrt wurde Jogan zu Limexx. Inmitten fürsorglicher „Galgotanten" entwickelte sich Limexx prächtig – doch sein ständiges Fiepen war ein Grund für uns, nach der Ursache zu forschen:

Das reizarme Leben in seiner Pflegestelle, das „nicht Welpe" sein dürfen und können (wie spielen, raufen, rennen, jagen) hatten dazu geführt, dass jegliche Aktivität außerhalb unserer vier Wände zu Stress führte.
Neugierde und dann doch Furcht sind eine denkbar schlechte Kombination und so überlegten wir uns einen Trainingsplan, um Limexx Schritt für Schritt in unseren Alltag zu integrieren.

Unser Galgas Nena und Shakina nahmen ihn wörtlich „an der Pfote", zeigten ihm den Garten, begleiteten ihn nach 16 Tagen zu seinem ersten kurzen Spaziergang und seiner ersten Autofahrt sowie nach drei Monaten bei seinem ersten Besuch zur Galgowiese außerhalb der bekannten Umgebung.

Heute ist Limexx der Fels in der Brandung des Hunderudels.

Selbst die Mäuse hat Limexx im Griff.

Limexx ist der größte Galgo in unserem Rudel.

Limexx reifte heran und in dieser Zeit wuchs seine Souveränität gegenüber anderen Hunden in jeglicher Hinsicht.
Mit knapp drei Jahren entwickelte er sichere Führungseigenschaften und 2012 übernahm er als oberster Boss die Führung der gesamten Hundegruppe. Heute wird jeder Neuankömmling durch ihn begrüßt, er hält das Rudel zusammen, bewahrt Ruhe und Gelassenheit und sorgt für Harmonie.

Limexx ist der größte und ausdrucksstärkste Hund in unserer Familie. Er kann auf stolze 74 cm Schulterhöhe blicken, hat eine wunderschöne gestromte Zeichnung, einen eleganten Gang und ist unheimlich schnell in seinen Sprints. Die Hundespiele sind etwas seltener geworden, sieht er doch seine Aufgabe eher darin, die bestehende Ordnung durch seine Autorität zu bewahren.
Und noch etwas: Limexx wurde bereits im August 2008 von uns adoptiert. So einen tollen Hund wollten wir dann doch nicht wieder gehen lassen.

Auf dem Weg nach Neuseeland

Wenn Sie glauben, Sie machen einen Galgo glücklich durch dreimaliges Spazierengehen am Tag, dann erzähle ich Ihnen meine Geschichte.

Wir haben das große Glück, unsere Hunde auf einem etwa ein Hektar großen Wiesengrundstück frei laufen lassen zu können. „Galgosicher" eingezäunt, relativ eben mit wenig Hindernissen und viel Möglichkeiten, die Zeit zwischen dem Rennen sinnvoll zu nutzen.
Zunächst war ich der festen Meinung, dass Galgos nur den einen Glücksmoment schätzen, nämlich dann, wenn sie sprinten, wenn sie sich gegenseitig jagen und wenn sie ausgelassen ihre Kreise ziehen dürfen.

Auf der großen Galgo-Wiese gibt es viel zu entdecken.

Doch weit gefehlt: Es gibt da noch weitere Aktionen, die unsere Galgos nicht missen möchten. Die Zeit brachte diese Art von Freizeitgestaltung mit sich. Rennen allein und die Ausschau nach Jagdobjekten – das kann doch nicht alles sein!
Es begann zunächst mit kleinen Buddellöchern, mal hier und mal da. Dieses Hobby einzelner Hunde breitete sich auf fast die ganze Gruppe aus. Heute werden richtige Wettkämpfe gegen die Mäuse ausgetragen und nach einem Koppelbesuch ist es nicht selten, dass ein ganzer Hund dabei im Loch versinkt. Aufgegeben wird nie und das Resultat ist immer eine Maus – zum Leidwesen von Frauchen.

Zum Schutz wird am Ende eines Tages alles wieder beseitigt und die Löcher werden verschlossen. Die Unfallgefahr wäre zu groß und so manch ein Schubkarren voller Erde verschwindet. Oft höre ich den Satz in unserer Familie: Wenn unsere Galgos so weitermachen, werden sie wohl bald nach Neuseeland durchstoßen.

So ganz ohne Gefahr sind aber auch diese Abenteuer nicht. Im Oktober 2011 hatten wir nämlich das erste unangenehme Erlebnis nach einer Buddelaktion mit Janice. Sie muss sich durch den Stachel einer Brombeerhecke leichte Kratzer am Nasenrücken zugezogen haben. Zunächst wurde ihr Nasenrücken dicker, zwölf Stunden später war das gesamte Gesicht geschwollen. Ich ging von einem Wespenstich aus und kühlte ihren Kopf. Nach 36 Stunden bildeten sich Blasen, erst um die Nase und in den Ohrmuscheln. Danach ging alles so schnell und binnen weniger Stunden platzten die Blasen auf und das gesamte Gesicht entzündete sich. Unsere Tierärztin machte sofort einen Leishmaniose-Test und startete die Behandlung

Janice wurde das Buddeln fast zum Verhängnis.

bis zur Auswertung der Tests mit einem Antibiotikum. Die abgestorbene Haut musste täglich abgetragen werden, um die Wundheilung nicht zu gefährden. Näheres dazu finden Sie im letzten Kapitel dieses Buches.

Warum Janice diese fürchterliche Entzündung bekam, wissen wir bis heute nicht. Wir lernten jedoch daraus, dass wir nach jedem Ausflug, der mit einer Buddelaktion beendet wurde, unsere Hunde einer ordentlichen Gesichtsreinigung unterziehen werden. Hierzu geben wir in warmes Wasser einen Kamillenbeutel sowie einen Tropfen Alkohol. Diese Tinktur tragen wir mit einem Waschlappen auf. Da das Antibiotikum nach zwölf Tagen Wirkung zeigte, gehen wir von Bakterien aus, die durch Wühl- oder Rötelmäuse verbreitet wurden.
Sämtliche Tests waren jedoch negativ, auch im Blut konnten keine Entzündungswerte festgestellt werden.

Geht es hier nach Neuseeland?

Phoenix – der Herzens- und Nasenbrecher

Im November 2010 erhielt ich von meiner spanischen Freundin Patricia von „Galgos del Sur" aus Córdoba die Nachricht, dass sie bei der Suche nach einem Galgorüden in der städtischen Perrera auf ein etwa fünf Monate altes Galgomädchen gestoßen sei. Diese Hündin sei so außergewöhnlich, dass sie „Laura" hätte mitnehmen müssen. Zu Hause angekommen stellte sie fest, dass ihr Becken verschoben war, daher suchte sie an nächsten Tag die Tierklinik auf. Erste Untersuchungen ergaben, dass der Hüftknochen nicht in der Hüftpfanne verankert war, dies aber durch einen Routineeingriff schnell behoben werden kann.
Gesagt, getan – eine Pflegestelle für 14 Tage konnte kurzfristig organisiert werden, aber was dann? Zurück in die Pension?

Der Eingriff verlief komplikationsfrei und Laura musste nun etwas ruhiggestellt werden, damit die Wunde gut zuheilen konnte. Wir fanden für Laura am Nikolaustag einen Flugpaten nach Deutschland und tatsächliche eine Pflegestelle, die sich auch bereit erklärte, die geplante Physiotherapie durchzuführen.

Doch bei der Ankunft am Frankfurter Flughafen mussten wir feststellen, dass Laura gar nicht Laura war und ihr Becken erneut verschoben war. In der Klinik war es dem Ärzteteam wohl egal, wen sie da gerade operierten und auch die Pflegestelle fragte sich nicht, warum Laura ein kleines Zipfelchen trug.

Leichtgewichte

Der Windhund ist für seine Größe leicht gebaut. Kommt es zu Schäden am Skelett, wie im Fall von Phoenix, so verzichten die Chirurgen gern auf künstliche Gelenke. Phoenix wiegt bei einer Schulterhöhe von 66 cm knappe 24 kg. Das wirkt für den Laien als total abgemagert, ist es aber nicht. Phoenix hat trotz des verkürzten Beins gute Muskeln aufbauen können. Die Erfahrungen haben gezeigt, dass je leichter der Hund ist, Folgekrankheiten wie Arthrose recht weit hinausgeschoben werden können. Und dem kann dann rechtzeitig mit Physiotherapie entgegengewirkt werden.

Die Verkürzung des Beins fällt bei Phoenix kaum auf.

So suchten wir für Laura einen neuen Namen und vereinbarten sofort einen Termin in der Wieslocher Tierklinik. Röntgenbilder hatten wir keine mitbekommen und so musste der mittlerweile umbenannte Phoenix alle Untersuchungen erneut über sich ergehen lassen. Mit Entsetzen erfuhren wir, dass das einstige „Einrenken" des Hüftkopfes sprichwörtlich für die Katz' war. Bei Phoenix wurden ein Nichtvorhandensein der Hüftpfanne und ein fehlgeformter Hüftkopf diagnostiziert. Für uns eine Schreckensnachricht, für die Klinikärzte ganz normale Routine.

Phoenix' Allgemeinzustand ließ einen operativen Eingriff nicht zu, er wog mit seinen 55 cm nur ungefähr 11 kg und so wurde er zunächst neun Wochen lang aufgepäppelt. Am 21. Februar 2011 war es dann so weit: Ein Ärzteteam entfernte den Hüftkopf und erklärte uns, dass dies nur bei äußerst schlanken Tieren gemacht werden könne. Das Bein verkürzte sich um etwa 5 cm, sodass Phoenix' rechter Hinterlauf in der Luft hängt, wenn er gerade steht. Er nahm aufgrund dessen eine Schonhaltung ein, was für sein rechtes gesundes Bein eine extreme Mehrbelastung darstellte. Phoenix war zu diesem Zeitpunkt gerade einmal acht Monate alt und stand im vollen Wachstum.

Die Ärzte rieten mir schon im Vorgespräch, dass ich mich rechtzeitig nach einer physiotherapeutischen Praxis umsehen möge, um im Anschluss entsprechende fördernde Heilmaßnahmen einleiten zu können. Denn Arthrose und starke Verspannungen im Rückgrat könnten bereits in jungen Jahren dem Hund das Leben erschweren.

Mithilfe von Physiotherapie, Wasserlaufband, Massage und Ultraschallbehandlung sollte sich die Muskulatur so aufbauen, dass Phoenix in absehbarer Zukunft ohne Schmerzen und großartige Beeinträchtigung spazieren gehen könne.

Alles verlief nach Plan, die Heilung schritt fort, die erste Massage hatte er genossen, da passierte ein weiteres Unglück.

Schon bald stand fest, dass auch Phoenix bei uns bleiben würde.

Die eigene Hündin der Pflegestelle forderte ihn zum Spiel auf, eine falsche Bewegung und Phoenix brach sich den Oberschenkel des frisch operierten Hinterlaufs. Ein herber Rückschlag für den zarten Buben und für seine Pflegestelle. Am 9. März 2011 musste er erneut in die Klinik. Der Bruch wurde mit einem externen Fixateur stabilisiert. Die kommenden drei Wochen waren sehr pflegeintensiv und kosteten der Pflegemama viel Kraft und Zeit. Peinliche Hygiene, tägliche Verbandswechsel, unterschwellige Angst, es könnten weitere Komplikationen eintreten – all das zehrte an den Nerven.

Im Mai übernahmen wir Phoenix, um die Pflegemutter zu entlasten.

An dieser Stelle möchte ich mich ganz herzlich für die gute Arbeit bedanken. Ich bin froh, dass die Pflegemama ihre schwindenden Kräfte rechtzeitig erkannte und dies mir auch mitteilte.

Phoenix zog in unsere Hundegruppe ein. Er fühlte sich nicht wohl, alles so neu. Wo war seine „Mama"? Ich war begeistert über sein Verhalten, er beherrschte die Beschwichtigungssignale wie kein anderer. Noch nie hatte ich die interaktive Hundekommunikation so deutlich miterleben können wie ab jenem Tag, an dem Phoenix bei uns einzog. Er leckte sein Schnäuzchen, senkte den Kopf zur Seite, wedelte beschwichtigend mit seiner Rute, blinzelte mit den Augen – um in jedem Augenblick seine Friedfertigkeit zu beweisen.

Limexx empfand ihn als Nebenbuhler, als Störenfried. Die Mädels gingen aber förmlich in ihren Mutter- und Tantenrollen auf. Überall wurde er herangeführt, im Spiel erzogen und danach wurde gekuschelt.
Ich war begeistert und mir graute vor dem Tag, an dem Anfragen für Phoenix kommen würden. Doch bis dahin sollten noch viele Monate vergehen, denn Phoenix musste jetzt lernen, sein Bein wieder einzusetzen. Die vielen Monate, die er aus Schmerzgründen nur auf drei Beinen lief, waren vorbei, doch in seinem Kopf war die Schonhaltung tief verankert. Dreimal wöchentlich war sein Therapieplan, dazu gehörte unter anderem Schwimmen. Er machte jede Übung mit, vorausgesetzt wir waren zuvor ausgiebig gelaufen. Doch mit dem Schwimmen konnte er sich bis zuletzt nicht anfreunden.
In Eislingen fanden wir ein Physiotherapiezentrum, das auch ein belastungsfreies Schwimmen in einem erwärmten Swimmingpool anbot. Als wir nach acht Schwimmeinheiten, die zunächst nur 5 Minuten pro Anwendung andauerten, Fortschritte im Aufbau seiner Muskulatur feststellten, gingen wir auf „Trockenübungen" über. Hierzu gleich noch mehr.

Im September 2011 konnten wir seinen Trainingsplan beenden. Trotz kritischer Prognose hatten wir mit Phoenix das Unerreichbare erreicht: Phoenix belastete sein erkranktes Bein und noch heute sind es nur unsere Handicap-Hunde, die auf unserer Koppel ständig ohne Pausen unterwegs sind.

Und noch etwas: Nach einigen Anfragen, die zum Teil nie ernst gemeint waren, nahmen wir unseren Buben nach eineinhalb Jahren Pflegschaft aus der Vermittlung. Mit Phoenix wurde mir klar, dass auch ein Tier, das nicht tadellos dasteht, eine andere Art von Schönheit ausstrahlt. Sein ganzes Auftreten ist so einzigartig, dass er für unsere Familie ein kleiner Stern wurde und nicht mehr wegzudenken ist. Gern stehen wir für Fragen zur Verfügung, denn es lohnt sich, sich auch für solche Hunde stark zu machen.

Kein Wunder, dass Phoenix unser Herzensbrecher ist.

Phoenix ist mein Herzensbrecher – zum Nasenbrecher wurde er, als die „letzte" Anfrage bei uns einging. Durch eine kleine Wunde hatte sich bei ihm ein Leckekzem am Fuß gebildet, das er in ruhigen, unbeobachteten Momenten immer wieder bearbeitete. Auch für Galgos gibt es spezielle Schuhe, die zum Beispiel so etwas verhindern können. Sie sind atmungsaktiv und haben eine rutschfeste Gummisohle. Für Spielpartien sind sie allerdings nicht geeignet. Zu kurvenreich sind die Rennspiele der Galgos und die Gefahr, dass der Schuh verrutscht, wollte ich nicht eingehen.

Ich kniete mich also nieder und holte den Buben zu mir. Phoenix reichte mir seine Vorderpfote, ein Bild für die Götter. Just in diesem Moment zwickte ihn Spielgefährtin Kiba in den Po und Phoenix drehte sich in einem Ruck zu ihr um.

Pech für mich – denn mein Gesicht war im Weg und er erwischte mit seinem Kopf meine Nase. Etwas benommen torkelte ich ins Haus zurück. Der Krankenhausbesuch bestätigte einen Mehrfach-Bruch des Nasenbeins, die blauen Ränder um die Augen glichen eher den Ergebnissen einer Schlägerei. Nie werde ich die Gesichter der Notfallaufnahme vergessen, die es mir und meinem Mann nicht abnahmen, dass ich wegen eines Hundes derart zugerichtet worden war.

Ich sah dies als Wink des Schicksals an: Phoenix entschied, hier bleiben zu wollen. Er hätte es mir gern anders mitteilen können – ob ich es verstanden hätte, sei dahin gestellt.

Physiotherapie, die beste Alternative zur Schmerzbewältigung

Nie zuvor hatte ich mich mit den zahlreichen Therapiemöglichkeiten in Sachen Schmerzbewältigung bei Hunden beschäftigt, bis wir die ersten Handicap-Hunde bei uns aufnahmen. Es macht keinen Unterschied, ob ein Tier einen gewöhnlichen Bruch erleidet oder durch sein Alter eine Arthrose in den Gelenken bekommt. Irgendwann werden Schmerzmittel eingesetzt, die nur intervallmäßig gegeben werden können, weil sich die Nebenwirkungen für Leber und Niere auf Dauer sehr belastend auswirken. Je jünger ein Tier ist, umso eher mussten wir uns mit Alternativen befassen, die vom Zeitaufwand her – aber auch finanziell – zu bewältigen waren.

In meiner Recherche stieß ich auf Jeannette Fischbach vom Hundephysiozentrum in Eislingen. Ein Vorgespräch am Telefon und die Zusendung aller bisherigen Befunde ließen uns ein Konzept entwickeln, das aus der heutigen Sicht das Beste war,

Nena leistete Phoenix Gesellschaft beim Warten auf seine Schwimmstunde.

was unseren beinkranken Hunden passieren konnte. In dem Zentrum werden alle möglichen Behandlungsvarianten angeboten und so starteten wir mit Massagen, Ultraschall- und Reizstrombehandlungen. Später bauten wir Trockenübungen auf der Holzwippe ein und animierten die Hunde zum Übersteigen von Agility-Stäben, um ein bewusstes Auftreten zu erzielen. In vielen Fällen lebten die Hunde schon länger mit ihren Schmerzen, die dann so tief verankert waren, dass die Schonhaltung auch noch vorhanden war, wenn keine Beeinträchtigung mehr bestand.

Phoenix hatte nie gelernt, sein viertes Bein zu benutzen. Sieben Monate blieben wir eifrig am Ball. Phoenix lernte sehr viel dazu. Seine Bemuskelung ist nun ausreichend und wir hatten unser Ziel erreicht. Auf Schmerzmittel konnten wir in der ganzen Aufbereitungsphase verzichten, für mich ein wesentlicher Grund dafür, stets die Meinung von Jeannette einzuholen.

Phoenix war von den Schwimmübungen nicht begeistert.

Heute ist Phoenix vier Jahre alt. Wir haben keinerlei Anzeichen von Arthrose und seine Wirbelsäule ist weiterhin voll beweglich.
In der Humanmedizin gehört die Physiotherapie zu den gängigsten Methoden nach operativen Eingriffen. Praxen für Tiere zu finden, gestaltet sich noch etwas schwierig, denn die Behandlungskosten müssen privat getragen werden. 35 Euro kostet eine Behandlungsstunde, der Therapieplan wird individuell zusammengestellt. Anfangs sind zwei „Sitzungen" pro Woche notwendig.

Für Arthrose-Patienten wird in dem Hundephysiozentrum unter anderem ein Schwimmbecken mit warmem Wasser angeboten. Das Schwimmen dort ist eine belastungsfreie Methode für den Muskel- und Konditionsaufbau.
Leider gehörten all unsere Windhunde nicht zu denen, die von dem „Nass" begeistert waren. Auch bei Phoenix probierten wir das mit dem Schwimmen aus, mussten jedoch nach acht Wochen damit aufhören. Denn Phoenix hatte zunehmend Stress, wenn er ins Wasser steigen sollte, und so beschlossen wir, uns ausschließlich auf die Bodenarbeit und die entlastenden Massagen zu konzentrieren.

Die richtige Therapie

Zu Jeannette Fischbachs Kunden gehören nicht nur ältere Hunde. Auch Junghunde, die zum Beispiel an der vererbbaren Hüftgelenksdysplasie leiden, werden durch die Schwimmbewegungen im Pool dazu angeregt, trotz der Beschwerden zu paddeln und so ihre Beine zu benutzen. Immer häufiger setzen Tierärzte in unserer Region diese Therapiemöglichkeit ein und sprechen für Jeannette ihre Empfehlung aus. Hätte ich sie und ihr Zentrum nicht in meiner Nähe, wäre mit Sicherheit keiner dieser erkrankten Hunde zu uns gekommen.

Die Never-Ending-Story oder: Mit drei Beinen durch die Welt

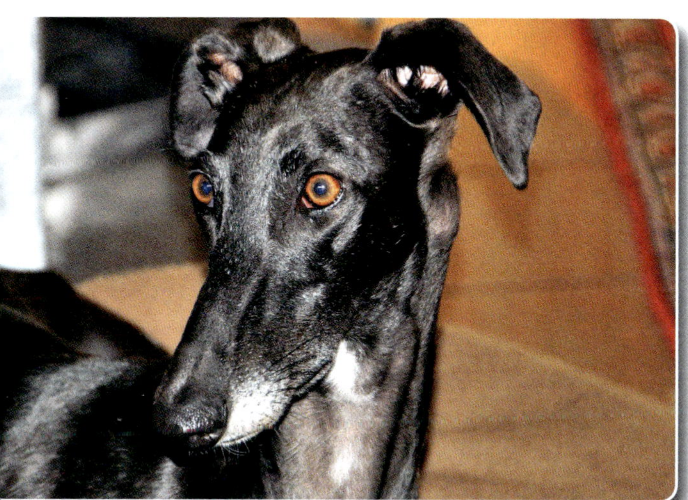

Aufgrund ihrer Schönheit sollte Kiba nur für die Zucht, aber nicht für die Jagd eingesetzt werden.

Im Juni 2010 bekam ich von Patricia eine Eilmeldung. Eine Galga wurde in die Klinik zum Einschläfern gebracht. Grund hierfür sei ein Beinbruch, der operiert werden müsste. Es war eine Show-Galga, die nicht zur Jagd, sondern ausschließlich zur Zucht eingesetzt werden sollte.

In Córdoba werden im Lauf eines Jahres viele Feste gefeiert. An diesen Tagen ist die ganze Bevölkerung unterwegs, so auch am 18. Mai. Auf einem Burggelände oberhalb der Stadtmauer fand ein Schaulaufen der schönsten Galgos statt. Tina – wie sie damals hieß – hatte sich hierfür qualifiziert und auf sie setzte ihr Besitzer große Hoffnungen für eine nationale Karriere. Die Hunde laufen in einer Art Arena frei. Sie werden angetrieben von den Zuschauern. Die Hündin Tina rannte die ersten Runden wie geplant, doch auf den Abruf ihres Jägers hörte sie nicht mehr. Sie rannte über die Mauern und den Berg hinunter direkt auf die Stadtautobahn. Es war 18 Uhr und noch viel Verkehr. Ein Auto erfasste dieses edle Tier. Der Jäger machte sich sogleich auf die Suche nach seinem Talent und fand sie liegend am Straßenrand. Im Ärzteprotokoll stand einst geschrieben, dass ihre Schreie durch ganz Córdoba

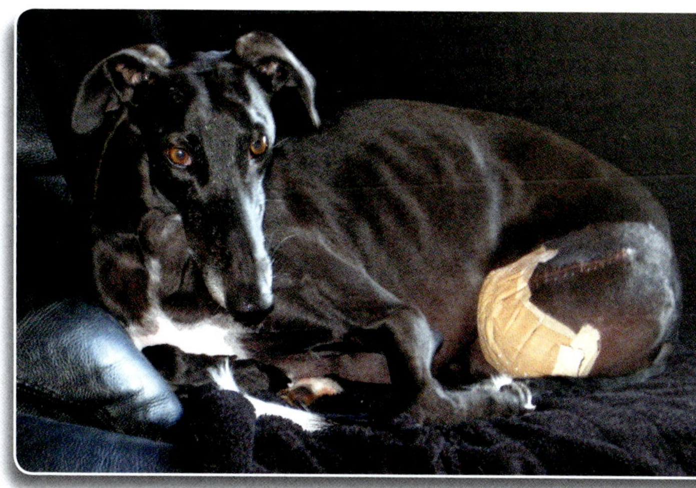

Kiba musste einige Operationen ertragen.

gehört wurden. Zwei Tage nach dem Unfall brachte sie der Jäger zum Einschläfern in die Universität von Córdoba. Alba, die zuständige Tierärztin, nahm die verletzte Galga in Empfang. Sie bat um die Erlaubnis, Tina – anstatt sie zu euthanasieren – doch operieren zu dürfen. Der Jäger willigte ein.

Die Tierarzt-Helferin nahm sofort Kontakt zu Patricia auf und bat sie um Vermittlungshilfe. Die Kosten für die Operation beliefen sich auf etwa 900 Euro. Die Operation war für den nächsten Tag geplant.

Ihr wurde ein Nagel ins Knochenmark geschlagen, der den Oberschenkel beim Zusammenwachsen unterstützen sollte. Aus unerklärlichen Gründen brach dieser Nagel nach drei Wochen mitsamt dem Knochen und die Ärzte entscheiden sich für ein Implantat aus Titan. Der Nagel wurde entfernt und eine speziell angefertigte Platte wurde seitlich des Oberschenkelknochens mithilfe von 14 Schrauben befestigt. Die Arbeit der spanischen Chirurgen war perfekt. Eine vorübergehende Pflegestelle in Córdoba konnte Tina aufnehmen. Sie wurde nur gering belastet und der Heilungsprozess schritt gut voran.

Wir erhielten eine Anfrage von Interessenten aus Deutschland. Die Freude darüber war sehr groß und wir planten eine schonende Ausreise.
Mit drei weiteren Hunden verließen Tina und ihre spanische Retterin die Stadt Malaga und sie landeten um Mitternacht in Süddeutschland. Tina hatte den Flug gut überstanden, aber sie schlief in dieser Nacht kaum – zu aufregend waren die neuen Eindrücke bei uns. Ihre Übergabe war für den kommenden Tag geplant, doch am Morgen erkannte ich eine Schwellung des Knies und eine schwache Lahmheit. Trotzdem machten wir uns auf den Weg zu den neuen Besitzern.
War der Flug zu anstrengend? Hatten sich die Schrauben gelockert?
Die neue Hundefamilie sah sich überfordert und uns blieb nichts anderes übrig, als Tina nach zwei Besuchsstunden wieder ins Auto zu packen und die Heimreise anzutreten.
Mit gemischten Gefühlen nahm ich Tina, die nun den Namen Kiba bekam, bei uns auf, denn mein Mann war zu der Zeit im Ausland und eine gemeinsame Absprache wollte ich schon treffen. Da Patricias Rückflug jedoch schon eher stattfand, fällte ich die Entscheidung allein. Ein weiterer Pflegehund zog also ein. Noch kurz ein klärendes Gespräch mit unserer Tierärztin, die Ankündigung für einen weiteren Patienten im Hundephysiozentrum und ich beruhigte mich.

So gut wir aber auch trainierten, so wenig stellte sich der Erfolg ein. Der Knochen wuchs laut Kontrollaufnahmen zusammen, doch die Muskulatur nahm stetig ab. Kiba belastete weiterhin nur vorsichtig das Bein und bis Silvester waren wir noch

Kibas Implantat

Das Implantat von Kiba bestand aus einer Titanplatte und 14 Schrauben. Es sollte den Oberschenkel fixieren und zeitlebens im Körper bleiben. Bei Kiba funktionierte dies nicht, denn der Körper stieß das Metall ab. Während man Brüche der Vorderläufe gern mit einem externen Fixateur (Gestänge außerhalb des Beines) stabilisiert, hält man es für die Hinterläufe sicherer, sie mit angepassten Titanplatten, die speziell auf den Knochen des jeweiligen Hundes gebogen werden, zur Heilung zu bringen. Es war für mich ein chirurgisches Wunder zu sehen, mit welcher Präzision gearbeitet wurde. Ein großes Dankeschön an unsere Tierärztin Dr. Susanne Linckh, die mich an der Operation teilnehmen ließ und mir in allen Belangen stets zur Seite steht.

Leider musste Kiba das linke Hinterbein amputiert werden.

zuversichtlich und auch zufrieden mit ihrer Rehabilitation. So entschieden wir im Januar, die ersten elf Schrauben von insgesamt 14 herauszunehmen, um den Knochenaufbau voranzubringen. Alle 2,3 cm war eine Schraube gesetzt worden und diese Löcher hieß es nun durch gutes Futter und weitere Heilungsmaßnahmen wie Ultraschall zu schließen.
Zunächst verlief alles gut. Ich spürte bei Kiba das erste Mal, dass sie keine Schmerzen hatte. Doch dies hielt nicht lange an. Anfang März kamen die Schmerzen zurück, das Bein wurde wieder dicker und Kiba schonte den Hinterlauf komplett. Wir entschlossen uns für eine vollständige Entfernung des Implantats im April, etwa drei Monate früher als angedacht. Offenbar wurde das Edelmetall vom Körper abgestoßen. Wir dachten, dass es zeitlebens am Bein von Kiba bleiben könnte. Die Operation gestaltete sich schwierig und nach 3,5 Stunden konnten wir Kiba ein erstes Mal ohne Metall röntgen. Die Ergebnisse waren weniger als zufriedenstellend. Sie zeigten deutlich, dass der Bruch noch nicht ganz verheilt war. Eine weitere Schonung durch stetiges Leinegehen war angesagt und für die Galga nicht weiter schlimm. Für KIba war es keine neue Situation, sie kannte es bereits von den vergangenen acht Monaten. Nie durfte sie auch nur für einen Augenblick ohne Leine in den Garten, zu hoch war die Gefahr, dass sie einen Sprint hinlegen wollte.

14 Tage nach dem Eingriff erlebten wir den dritten Bruch dieses Hinterlaufs – für alle Beteiligten unfassbar. Es war ein Regentag und ich führte Kiba nach der Fütterung mit der Leine in den Garten. Sie drehte sich nur zur Seite, dabei brach der geschädigte Knochen erneut. Ein schmerzvoller Schrei und ein Gesichts- und Körperausdruck, den ich mein Leben nicht vergessen werde. Schmerzverzerrt stand sie vor mir und mir war sofort klar, was in diesem Moment passiert war.
Ich durfte Kiba nicht mehr anfassen, sie schnappte nach mir. Mein Mann brachte sie zum Tierarzt. Die Röntgenbilder bestätigten meine Vermutung.
Eine Entscheidung musste her.

Heute flitzt Kiba über die Wiese wie die anderen Galgos auch.

Was nun? Neues Implantat oder Euthanasie? Kann ich es verantworten, das Bein abzunehmen? Ja, ich kann. Für ein neues Implantat reichte die Knochensubstanz nicht mehr, für eine Euthanasie war ich nicht bereit. Diesen Schritt wollte ich zuletzt gehen, aber erst dann, wenn alles aussichtslos schien. Kiba schlief bereits, um ihr die Schmerzen erträglicher zu machen. Wir bereiteten die Amputation vor, eine der schlimmsten Operationen, und mein Mann blieb bei ihr und streichelte sie. Die Operation dauerte etwa dreieinhalb Stunden und verlief ohne Komplikationen. Wir nahmen Kiba schlafend mit nach Hause. Nach vier Stunden stand Kiba als „Dreibein" auf, hüpfte zu meinem Mann Micha, leckte ihm die Hände und kam wieder zu mir auf ihr Krankenbett. Auf mich wirkte diese Geste wie ein „Dankeschön". Meine Entscheidung war richtig, denn Kiba zeigte uns ab diesem Tag, wie sehr sie ihr Leben jetzt genießen konnte. Keine Schmerzen mehr, keine Zugleine mehr – stattdessen Freiheit pur und endlich am Hundespiel teilnehmen dürfen. Sie flitzte nach acht Tagen durch den Garten, schlug freudige Haken mit einer Präzision, als wäre es das Selbstverständlichste auf der Welt, mit drei Beinen durchs Leben zu laufen.

Auch mit drei Beinen kann man Mäuse jagen.

Kiba ist eine „athletische" Hündin, traumhaft schön und komplett anspruchslos. Sie ist wendiger als jeder andere Hund und voller Lebensfreude. Bereits zu Beginn ging sie eine innige Freundschaft zu Phoenix ein, als ob sie gewusst hätte, dass auch sie einmal zu der Gattung „Handicap-Hund" gehören würde.

Kiba ist nun schon so lange Zeit bei uns, ohne dass wir jemals eine Anfrage bekommen haben. Früher hätte ich mich nicht für ein Dreibein entschieden. Doch durch ihre Geschichte wurde ich langsam an dieses Thema herangeführt, ja eigentlich mit einbezogen. Kiba tröstete mich und zeigte mir, dass der Mensch in manchen Situationen viel zu kompliziert denkt. Wer heute Kiba auf der Koppel rennen sieht, bemerkt zunächst gar nicht, dass sie nur mit einem Hinterlauf unterwegs ist.

Sonnenkinder

Das Vorurteil, dass Hunde aus Spanien die Hitze abkönnen müssen, besteht auch bei uns leider noch immer.
Wie jedes andere Tier aus südlichen Ländern empfinden sie hohe oder niedrige Temperaturen genauso wie Hunde aus unseren Breitengraden. Kein Lebewesen würde in der Mittagshitze auf Nahrungssuche gehen. Umso mehr bin ich erstaunt, bei 30 °C Hundebesitzer auf den Straßen anzutreffen, die sich auf dem Mittagsspaziergang befinden. Mit langer Zunge quälen die Hunde sich dann auf dem heißen Asphalt hinter dem Herrchen her in der Hoffnung, von dessen Schatten noch etwas abzubekommen.

Im Sommer sucht man lieber ein schattiges Plätzchen auf.

Nur solange es nicht zu heiß ist, kann man es in der Sonne aushalten.

Lustlos werden die Hunde hinter sich hergezogen und so mancher Vierbeiner versteht es sicherlich nicht, dass er jetzt sein Geschäft verrichten soll.

In den heißen Monaten genießen unsere Galgos den morgendlichen Ausflug auf die Koppel. Ab 10 Uhr „verkrümeln" sich alle, suchen sich im Haus eine kühle Ecke und verschlafen den ganzen Tag. Eine kurze Pipi-Pause im Garten in der Mittagshitze, mehr brauchen sie nicht.
Obwohl der Galgo Español über keine Unterwolle verfügt, ist ihm die Hitze genauso unangenehm wie seinen langhaarigen Verwandten. Auch Hunde können einen Hitzeschock erleiden, der, wenn er nicht gleich und richtig behandelt wird, tödlich für

das Tier enden kann. Sollte Ihr Hund einen Hitzschlag bekommen, so kühlen Sie Ihren Vierbeiner mit kalten Umschlägen an den Beinen, nicht am Körper, denn hier wäre die Abkühlung zu abrupt. Wickeln Sie die Beine gut ein und wechseln Sie die Umschläge immer wieder, sodass über das Blut eine Abkühlung erfolgen kann.
Viele Hunde lieben es auch, wenn Sie ihnen eine große Wanne oder ein Bassin mit kühlem Wasser auf den Rasen stellen. Unsere wasserscheuen Galgos stehen wie im Thermalbad darin, trinken hin und wieder und erfreuen sich sehr an dieser Abkühlung. Wir haben aber auch Galgos dabei, die fürchterlichen Spaß an Wasserspielen haben und versuchen, das Wasser aus dem Becken zu schaufeln.
Aktiv werden unsere Hunde erst wieder gegen 19 Uhr und auch dann rennen sie nur weinige Runden. Aufgrund dieser Erfahrungen haben wir unser Verhalten dem der Windhunde in den heißen Sommermonaten angepasst – und wirklich, es lebt sich angenehmer.

Galgos sind Rassisten

... und dies meine ich auch so.
Durch meine Tätigkeit im Tierschutz kommt es immer wieder vor, dass ein Hündchen bei uns „geparkt" werden muss. Ob dieser Hund dann eine Nacht oder zwei Wochen dableibt, ist unerheblich. Jede Veränderung ist Stress für unsere eigenen Hunde. Doch sie machen schon Unterschiede bei jedem, der da kommt!
Langnasen – wie wir Windhunde nennen – werden weitaus freundlicher und mit mehr Respekt begrüßt als Vertreter andere Rassen. Es ist faszinierend, wie sie sich auch die Aufgaben

Mit Gleichgesinnten lässt es sich am besten spielen, sowohl draußen ...

... als auch drinnen.

teilen. Immer wieder ist zu erkennen, dass Welpen und Junghunde von Nena und Janice geführt werden. Limexx hat mit solchem „Gemüse" nichts am Hut, er kann durchaus über den gesamten Zeitraum ekelig und ruppig sein. Mit der „älteren" Gesellschaft kommt er besser zurecht, wobei er ausschließlich seine eigene Rasse, also andere Galgos, an sich heranlässt.

So auch das Erlebnis mit Podi. Sie kam für einen gewissen Zeitraum zu uns in Pflege. Podi war noch bis vor Kurzem mit einer anderen Galga vergesellschaftet gewesen, doch diese war dann gestorben. Podi hatte damals, als sie zu uns kam, das hohe Alter von 13 Jahren. Als Angsthund in eine aktive Hundegruppe gestoßen zu werden, muss für sie sehr heftig gewesen sein. Aber wir hatten keine andere Pflegemöglichkeit und so machten wir das Beste aus der Situation.
Ihre Blicke und ihre Bewegungen glichen denen eines Straußes. Ohne den Körper in eine andere Position zu bringen, drehte sie lediglich ihren Kopf, um ihr Umfeld zu beobachten – das war lustig anzusehen. Einen besonders guten Draht zu Männern hatte sie auch nie. Das war sehr schlecht, denn zu dieser Zeit lebten noch unsere Söhne bei uns zu Hause.

Tage vergingen und wir alle hatten das Gefühl, dass ihr der Trubel und das neue, so völlig andere Leben zu gefallen schienen. Ich bin mir sicher, der Grund war darin zu finden, dass ihr die „Galgogesellschaft" gefehlt hatte. In Spanien leben die Windhunde immer in großen Gruppen. Eine Anzahl von zehn bis 25 Galgos in einem Schuppen oder Zwinger ist keine Seltenheit.

Staksend und ungelenkig führte sie ihre ersten Rennversuche durch. Es war, als wenn ein Kind lernt, die Rutsche hinaufzuklettern, um dann hinunterrutschen zu können. Was ich nicht bedachte, war, dass auch ein Windhund Muskelkater bekommt, wenn er auf einmal die Möglichkeit erhält, sich mehr zu bewegen als sonst. So war es auch mit Podi.
Wenn Hunde aus Spanien kommen, dann machen wir die neuen Hundeeltern immer darauf aufmerksam, dass sie das freie Rennspiel wohl dosiert starten sollen. Hier ist es selbstverständlich, doch bei Podi hatte ich darüber gar nicht nachgedacht. Nach drei Tagen konnte sie sich nicht mehr bewegen, sie stand nicht auf und ich sorgte mich fürchterlich. Glücklicherweise war dieser Zustand bei ihr „nur" auf eine Überbeanspruchung zurückzuführen.

Podi fiel förmlich in einen Jungbrunnen und nach fünf Monaten gaben wir eine Hündin zurück, die wieder Freude an kurzen Sprints mit Gleichgesinnten auf der Koppel hatte und die Gizmo (ein Schäferhund aus der Nachbarschaft) zwar interessant fand, ihn aber auch nicht für einen vollwertigen Kumpel ansah.

Für die alte Podi war die Gesellschaft mit anderen Galgos wie ein Jungbrunnen.

Was Galgo so alles brauchen kann

Im Welpenalter, das weiß jeder Hundehalter, kann „Klein-Hundi" alles gebrauchen. Bei unseren Galgo-Welpen waren dies stets Schuhe. Doch nicht alle Schuhe wurden auf die gleiche Art und Weise auseinandergenommen. Während es unsere Shakina nur auf die Absätze edler Frauenschuhe abgesehen hatte, liebte es Phoenix, nur die Schürsenkel in 10 cm lange Stücke zu zerkleinern. Dabei blieb der Schnürsenkel in der Öse und die „Arbeit" wurde erst beim Zubinden entdeckt. Die Sammelleidenschaft erstreckte sich im Laufe der Jahre auf vieles: getragene Wäsche aller Art, Fernbedienungen, die auf ihre inneren Bestandteile hin untersucht wurden, Netzteile von Laptops, Blumentopfuntersetzer und vieles mehr. Mit den Jahren konnten wir anhand der Zerstörung sogar immer sagen, wer dieses Werk vollbracht hatte.

Glücklicherweise war bis dato nie ein Hund darunter, der die „Beutestücke" verschluckte. Doch eines Tages war es anders. Ein „Füßling" wurde Kiba einmal fast zum Verhängnis: zunächst unbemerkt aus dem Kinderzimmer entwendet, danach genussvoll gekaut und letztendlich doch geschluckt. Ihr Wohlbefinden ließ nach 48 Stunden schlagartig nach. Sie hüstelte und wir dachten zunächst an Holzraspel, die sie sich aus dem Kaminholz geholt hatte. Dann gab es die ersten Erbrechensversuche – doch außer Futter kam nichts heraus. Nach weiterem Erbrechen suchten wir unsere Tierärztin auf. Auch das Röntgenbild lieferte keine Erkenntnis für den Grund der Übelkeit und so gaben wir Medikamente gegen die Übelkeit. Kiba verweigerte weiter ihre Nahrungsaufnahme, nahm jedoch kühles, frisches Regenwasser zu sich.
Am nächsten Morgen, kurz vor dem ersten Gang in den Garten, ein erneutes Würgen – und heraus kam eine schwarze Wurst mit der Aufschrift „s´Oliver". Ich glaubte meinen Augen nicht zu trauen. Wir hatten uns so auf das Röntgenbild verlassen und können nun von Glück reden, dass die Übelkeit stärker war als das gespritzte Mittel.
Seither achten wir auf einen geschlossenen Schmutzwäschebehälter und die Waschküche ist nicht mehr zugänglich. Und wir zählen nun auch noch die Wäschestücke, bevor sie in die Waschmaschine wandern.
Es sind solche Kleinigkeiten, auf die wir zu achten haben. Aber dieser kleine Socken hätte bei Kiba durchaus einen Darmverschluss verursachen können.

Auch Galgos brauchen mal ein Spielzeug zum Kuscheln.

Julchen

... ein entzückendes Hundekind mit Ecken und Kanten.
Auf der Suche nach einer verschwundenen Galga stießen wir in Madrid auf einen 2,5 m x 2,5 m großen Drahtkäfig mit sechs wimmernden Windhunden, darunter Klein-Julchen.
Die Rettung gestaltete sich etwas schwierig, denn die „Unterkunft" war von allen Seiten mit Draht verschlossen, lediglich ein 25 cm großer Spalt zum Dach hin war geöffnet. Wie es Julchen schaffte, durch diese Öffnung zu kommen, ist uns bis heute ein Rätsel, auch wenn sie zu den kleinen Galgos gehört – mit einer Schulterhöhe von 56 cm ist sie winzig. Plötzlich stand sie außerhalb dieses Käfigs, konnte aber trotzdem nicht fliehen, weil zusätzlich herum Mauern von anderen Gebäuden vorhanden waren. Mit einem Stahlseil wurde Julchen hochgezogen, im Auto schnellstens versteckt und fortgebracht.

Wir bemühten uns nach der 28-tägigen Quarantänezeit um eine rasche Ausreise. Es gelang uns, Julchen im Mai mit nach Deutschland zu holen.

Manchmal schleichen sich kleine Unvorhersehbarkeiten ein und so geschah es, dass Julchens Pflegestelle am Tag der Ankunft absprang. Ein in der Eile gesuchtes Ersatzheim war dann auch nicht der richtige Ort für unser kleines, aktives Bündel und so holten wir die kleine Galga zu uns nach Hause. Ich hatte mir fest vorgenommen, anderen Galgo-Liebhabern den Vortritt zu lassen und mich lieber den älteren und kranken Tieren zu widmen.
Es war Pfingstmontag und Julchen zog als Pflegehund bei uns ein.
Unser „Jüngster" (Phoenix) war damals dreieinhalb Jahre alt und bereits aus dem gröbsten „Flegelalter" heraus. Mit diesen Erinnerungen wagte ich mich erneut in dieses Abenteuer und es wurde aufregender als vermutet.

Schon mit der Sauberkeitserziehung starteten wir eine „Never-Ending-Story". Wenn ich glaubte, sie habe es begriffen, dass Pipi und Kacka nur draußen verrichtet werden sollten, passierte schon das nächste Malheur. Sie suchte stets den Wintergarten für ihre Notdurft, also hatte sie begriffen, dass die Tür von dort aus in den Garten führte. Doch mit der Tür endete wohl ihre Vorstellung.

Julchen war immer für Überraschungen gut, auch wenn sie manchmal kein Wässerchen trüben konnte.

Bei Julchen brauchte man viel Geduld in Sachen Stubenreinheit.

Ich bin der Verfechter der Konzepts: „Wenn Plan A nicht funktioniert, so greift sicherlich Plan B." Doch nicht bei Julchen, hier wären wir bereits bei Plan „Z" angekommen.
Mit ihr war alles anders. Während alle jungen Vorgänger zunächst das Leinegehen lernen mussten, nachts schlecht durchschlafen konnten, all das haben wollten, was die anderen hatten, war dies für Julchen kein Problem. Sie war vielleicht acht Monate alt und ich war so angenehm überrascht darüber, wie einfach die ersten Tage für mich verliefen.

Als ich nach vier Wochen zu unserer Tierärztin zum Nachimpfen ging, sprach ich das Thema Sauberkeit an. Oh je, ihre Antwort zu diesem Thema war knapp und knackig: „Du bist aber ungeduldig geworden. Das kannst du doch nicht von ihr verlangen!"
Ich fühlte mich in meiner Ungeduld ertappt und ich merkte, dass mich das ständige Aufwischen und allein schon der Gedanke daran recht wütend machten.
Nebenbei sei erwähnt, dass Julchen viele Monate brauchte, um meinem Wunsch nach Sauberkeit nachzukommen.

Keiner meiner Junghunde brachte es fertig, Menschenessen aus dem Kochtopf vom Herd zu nehmen, ohne irgendetwas zu verschieben. So dünstete ich leckeres Lachsfilet. Ich legte den Deckel zur Seite, um nur kurz Gartenkräuter zu holen, den Reis zuzubereiten und dann Lachs und Reis mit Soße anzurichten – und siehe da, der Topf war leer. Volle 20 Minuten kochte ich um den „geleerten" Topf herum, ohne zu bemerken, dass der Fisch Füße bekommen hatte.

Ein anderes Mal stand der Flug nach Malaga bevor. Julchens Ideenvielfalt war mir inzwischen bekannt und ich war vorbereitet. Bequeme Schuhe, die fehlten noch. Kurz am Boden abgestellt – wo denn sonst, werden Sie sich fragen –, ein kurzes Telefonat, ein schneller Gang in den Keller – 20 Sekunden, nicht länger – und Julchen hatte sich den Schuh vorgenommen und die netten „Maschen" am Rand kurzweg abgebissen. Mein Schrei erntete nur einen ahnungslosen Blick und ich schlappte mit angekauten Schuhen zum Flughafen.

Ich glaube, ich bin durch nichts mehr zu erschüttern. Denn in den vielen Jahren der Aufzucht habe ich kein weiteres „Kaliber" wie unser süßes Monster erlebt.
Grund genug, um Julchen ein weiteres Kapitel zu widmen ...

Sauberkeit

Welpen und Junghunde sollten nach dem Aufwachen und nach ausgelassenem Spiel immer die Möglichkeit bekommen, sich zu lösen. Viele vergessen dies und pinkeln dann in die Wohnung – meist auf den Teppich. Es kann durchaus sein, dass die Sauberkeitserziehung trotz warmer Jahreszeit über Monate geht.

Von Krawattenkillern und Schuhfetischisten

Isita war der einzige Welpe, der „nur" seiner Sammlerleidenschaft nachging. So konnten wir lange Zeit Freunde oder Kollegen nicht gleich im Anschluss vom Büro mit nach Hause nehmen. Isita ist der einzige „Nicht-Galgo" in unserem Rudel. Ihre Leidenschaft gehört der Unterwäsche und der Sportbekleidung. Letzteres wäre nicht peinlich, doch Unterhosen im Wohnzimmer und andere nette Utensilien waren dann doch zu viel.

Es dauerte „nur" drei Jahre, bis sie diesen Unfug ablegte. Wenn sie in den Kinderzimmern oder im Bad nicht fündig wurde, so gab es da noch die vergrößerte Katzenklappe in den Keller. Die Tür zum Waschkeller ist immer wegen der Katzentoiletten angelehnt und so stöberte Isita dort, bis sie etwas Passendes fand.

Unschuldslamm: So sieht Julchen aus, wenn sie etwas angestellt hat.

So hat jeder Welpe oder Junghund seine Lieblingsbeschäftigung während meiner Abwesenheit, so auch Julchen. Sie ist eine ganz entzückende junge Hündin, doch leider vergreift sie sich immer an Dingen, die im Ersatz recht kostspielig oder gar nicht mehr zu haben sind.

Wenn ich ihre Trophäen aufzählen wollte, so gleicht dies einem Einkaufszettel. So steht auf ihrer Beliebtheitsskala ganz oben:

- Schuhe aus weichem Leder mit gepolstertem Rand. Wichtig ist der Rand, denn Schuhspitzen oder Absätze kann jeder abbeißen.
- Sofaecken aus Leder, auch gepolstert. Hier liegt es sich bequem, solange man die Lust am Nagen verspürt.
- Spitzenunterwäsche. Diese wird nicht zerstört in dem Sinne, sie wird vielmehr in der Mitte geteilt. Liegen erst einmal zwei Hälften da, ist es uninteressant. Bemerkenswert ist auch, dass der Beutezug meist im Bad beginnt, wo die Sachen aus dem Wäschepuff gestohlen werden

Speiseplan (oder: was Julchen innerhalb von drei Monaten „erlegt" und „erledigt" hat).

- 17 Schuhe
- 3 BHs
- 5 Schlüpfer
- 2 Kopfhörer
- 1 Krawatte
- 1 Ledersofa
- 1 Sonntagskuchen
- 2 lederne Hundehalsbänder
- 1 Lederleine

Diese Aufzählung beinhaltet nur einen Teil von all den Dingen, die unserem Julchen mittlerweile zum Opfer gefallen sind. Die Zahlen könnte man mittlerweile um einiges erhöhen. Leider lässt sich das kleine Monsterle nie erwischen und ich kann nur hoffen, dass die Phase dieses Lebensabschnitts bald zu Ende geht.

Julchen voll in Aktion mit ihrer Beute.

Julchen und Anni

Wir hatten im Laufe der sechs Monate wieder einiges in Sachen Welpen- und Junghundebetreuung dazugelernt und ich ersehnte den Zeitpunkt, dass aus Julchen doch noch ein artiger Galgo werden würde. Aber es wollte der Zufall, dass ein weiteres Galgokind bei uns einzog.

Folgendes hatte sich zugetragen: Um meine Nichte Anni etwas in unsere Tierschutzarbeit in Spanien einzuarbeiten, buchte ich ihr im Sommer einen Flug nach Malaga. Sie sollte sich als Flugpatin zur Verfügung stellen und auf ihrem Rückflug drei Galgos nach Deutschland holen. Flugpaten sind Reisende, die mit einer Fluggesellschaft ihr Reiseziel innerhalb Spaniens nach Deutschland antreten. Sie können sich vorher mit uns in Verbindung setzen und wenn wir Hunde haben, die ausreisefertig sind, werden sie in den Frachtraum mit eingebucht. Für den Flugpaten entstehen keine Kosten und auch keine Arbeit. Der Hund wird zum Abflughafen gebracht und am Ankunftsflughafen von uns in Empfang genommen. Noch nie ist ein Tier „übrig" geblieben.

Patricia von „Galgos del Sur" nahm meine Nichte auf und zeigte ihr in den drei Tagen viele Orte, an denen wir „tätig" sind. Und so besuchten beide eine Zwingeranlage eines Galgueros (Jäger), von dem wir hin und wieder verletzte Tiere übernehmen. Anni wurde auf einen Welpen aufmerksam, der ihr nicht mehr aus dem Kopf ging. Zu Hause angekommen erzählte sie mir von ihren Erlebnissen und es gibt nichts Schlimmeres, als wenn ein Menschenkind einem Hundekind nachtrauert. So beschlossen wir, das Galgomädchen zu holen.

Das „Dreamteam" Julchen und Anni.

Wir losten aus, wer erneut nach Spanien fliegen sollte. Fünf Tage darauf saß ich im Flieger nach Malaga. Am 2. Tag hatte ich an meiner Seite das nächste Monsterle sitzen, teilte mit ihm mein Bett, führte es in kleinen Schritten dazu, an der Leine zu gehen, und so weiter.

Wir nannten sie Harmony. In Spanien war es noch ganz harmonisch mit ihr und ich dachte: Was für ein passender Name! Wir ließen sie impfen und chippen und einen guten Monat später hatte sie einen Platz in unserem Landtransport und kam einen Tag vor Annis 18. Geburtstag an. In Spanien hatte sie mittlerweile den Spitznamen „Terminator" erhalten und ich dachte mir nur, so fürchterlich kann es doch gar nicht sein. Nun, Julchen hatte ihre schlimmen Entdeckertage bereits abgelegt, da spazierte Harmony herein und das Chaos war perfekt. Keine Harmonie war zu spüren, neue Ideen schmiedeten die beiden Galgokinder und ich war erstaunt über deren Kreativität. Bisher verschonte Palmentöpfe wurden zerrupft, die Tapeten hingen plötzlich in Fetzen und auch die Wände blieben nicht ohne Spuren. Wir saßen daneben und aßen zu Abend, da nagte das kleine Teufelchen Löcher in die Wand. Der schöne Wohnzimmerteppich hatte eines Mittags keinen Fransen mehr, die Lehne des Ledersofas war ebenfalls für 20 Minuten ein guter Kauersatz und ich fragte mich mehr als einmal: Warum hast du dir das angetan?

Es waren drei Monate vergangen und Harmony, die wir in Anni umtauften, wurde nun etwas ruhiger. Noch immer konnte ich mich nicht darauf verlassen, dass ich nach meiner Abwesenheit alles wieder so vorfand, wie es zuvor war, aber wir waren stets guter Dinge und blieben am Ball.

Nach Monaten kamen auch für sie die ersten Anfragen und dann der eine Besuch, der am Freitag gar nicht wusste, dass er am Sonntag mit zwei Windhunden nach Hause fuhr. Für Anni haben wir das Zuhause gefunden, was wir uns insgeheim immer für sie gewünscht hatten. Nur Zweithund, viele aufregende Spaziergänge, viele menschliche Besuche und die damit verbundenen Streicheleinheiten. Es fiel uns sehr schwer, sie gehen zu lassen. Noch heute sprechen wir viel über die Erfahrung, die wir mit den beiden jungen Hunden machen durften. Es ist seltsam still und leer geworden.

Junge Galgos brauchen regelmäßig auch ihre Toberunde.

Alle meine Entchen – von Panikhunden

Noch nie habe ich ein anderes Lied so häufig gesummt wie „Alle meine Entchen". Was es damit auf sich hat, erfahren Sie in diesem Kapitel. Denn im Laufe der Jahre erlebte ich schon die eine oder andere brenzlige Situation, die dann eskaliert wäre, hätte ich mich nicht so schnell besonnen. Aber erst mal die Vorgeschichte.

Wir hatten immer wieder Windhunde, die zwar einen starken Charakter haben, die aber aufgrund ihrer Haltungsbedingungen in Spanien nicht unbedingt für ein Familienleben geeignet waren.

Im März 2009 wurde ich bei Patricia von „Galgos del Sur" aufmerksam auf eine graue Galga, die allein schon durch ihre Fellfarbe für mich einzigartig war. Ich fragte wieder einmal vorsichtig an, wie ich mir denn diese Schönheit vorzustellen hätte.

Patricia antwortete mir, dass Bandera – so war damals noch ihr Name – wohl zu den scheuen Hunden zählte, dies aber sicherlich darauf zurückzuführen sei, dass sie in einem Holzschuppen zur Welt kam, reizarm leben musste und bei jeder Läufigkeit gedeckt wurde. Ihre Geschichte war ebenso deprimierend wie der Hund selbst, den wir Ende April am Münchner Flughafen übernahmen.

Ich war von einem „scheuen" Hund ausgegangen und stellte mir daher ein Lebewesen vor, welches vielleicht meinen Händen ausweichen würde, mit dem ich anfangs nur kleine Runden laufen durfte und das in meiner Anwesenheit nicht gleich fressen wollte.

Ahnungslos und beinahe kopflos (heute kann ich nur den Kopf schütteln und dankbar sein, dass dem Hund nichts passiert ist) nahm ich Bandera am Flughafen in der Kundentoilette aus der Flugbox, legte ihr ein Sicherheitsgeschirr an und führte sie durch die Flughafenhalle und über den Parkplatz bis zum Auto, verlud sie und die Transportbox und machte mich auf den Heimweg.

Die Problematik fing schon an, als ich sie aus dem Auto herausholte und ihr (wie jedem anderen Hund auch) das Rudel vorstellte und die Wohnung zeigte.

Mocca Sue, die früher Bandera hieß, hatte eine ganz außergewöhnliche Fellfarbe.

Unter Stress verfärbten sich die Augen von Mocca Sue gelegentlich noch gelblich.

Durch die Verspätung des Fliegers kamen wir um 1 Uhr nachts zu Hause an. Bandera war extrem angespannt und mir fielen ihre zitronengelben Augen auf. Sie traute sich nicht aus dem Auto. Ich hob sie heraus, wir kamen in die Wohnung und ich dachte, unsere Hunde werden „alles richten" und ihre Scheu wird sich verlieren.

Was ich nicht wusste: Bandera musste noch nie mit einem Menschen in einem Haus zusammen sein beziehungsweise leben. Für sie war es unerträglich, dass wir mit ihr das Nachtlager teilen sollten. Sie hechelte, zitterte und nutzte die nächstbeste Gelegenheit zur Flucht. Dass der ausgeleuchtete Garten durch eine Glasscheibe der Wintergartentür abgetrennt war, interessierte sie wenig – nein, sie kannte es nicht.

Sie sprang mit voller Kraft gegen die Scheibe. Die Tür, die nicht verschlossen war, schnellte gegen den Haltepfosten, die Scheibe zerbarst und Bandera stand in den Scherben.
Mögen es drei Minuten her gewesen sein, dass wir die Wohnung betreten hatten, so glaubte ich nicht, was geschehen war. Scheu wurde sie beschrieben, aber das war Panik pur.
Ich ging mitten in den Garten und hoffte nur, sie möge aus diesem Scherbenhaufen unversehrt den Rückzug ins Haus antreten, was sie auch tat. In den darauffolgenden vier Tagen lebten wir mit geöffneten Fenstern, jedoch geschlossenen Rollläden, sodass sich dieses Erlebnis nicht wiederholen sollte.
Zu dieser Zeit brachten mich solche Erlebnisse fast um den Verstand und je hektischer und gestresster ich wirkte, umso schlimmer wurden meine Versuche, mich und die Hunde aus der Situation zu retten.

Gelassen bleiben

Hunde reagieren auf Nervosität nervös, auf lautes Rufen und hektische Bewegungen ängstlich, sogar zeitweise panisch. Haben Sie in solchen Situationen einen unsicheren Hund dabei, so kann es Ihnen passieren, dass er davonrennt und Ihre Rufe in seiner Not nicht mehr hört.
Bleiben Sie ruhig und gelassen und geben Sie Ihrem Hund das Gefühl, dass das, was eben geschehen ist, nichts Außergewöhnliches ist!
Und wenn Ihnen bestimmte Merkmale über einen Hund mitgeteilt werden, denken Sie daran: Scheu ist nicht gleich ängstlich und ängstlich ist nicht gleich panisch, wie wir mit Mocca Sue erfahren haben.

Die alte Podi gehörte zu den „Angsthunden", als sie zu uns kam.

In verschiedenen Fachbüchern wurde geschrieben, dass man Ruhe bewahren sollte. Aber wie, wenn mit einem die Gedanken und das Chaos durchgehen?
So entwickelte ich eine für mich angemessene Methode, schnell zu entspannen und vor allem wieder zum gleichmäßigen Durchatmen zu kommen.
Mir fiel spontan nur das Kinderlied „Alle meine Entchen" ein und das summte ich vor mich hin. Die Atmung wurde gleichmäßig und so konnte ich auch wieder klare Gedanken fassen, wie ich mit dieser doch sehr bedrückten Situation umgehen könnte.

Ich sagte mir: „Das ist alles normal"…
„Es ist normal", dass der Hund just in diesem Moment aus dem Halsband schlüpft.
„Es ist normal", dass der Hund just in diesem Moment durch meine Beine und durch die Tür schlüpft.
„Es ist normal", dass sich im Auto die angelegte Leine just in dem Moment am Bein des anderen Hundes verhakt, während dieser schon aus dem Auto herausspringt und den noch nicht gesicherten Hund mit sich zieht.

Dies sind alles keine alltäglichen Situationen, aber Momente, die trotzdem über Leben und Tod entscheiden können. Ich mag gar nicht weiterdenken, was hätte schon passieren können.

Doch mit Ruhe und Verstand entschärfen Sie solche Erlebnisse. Hunde reagieren auch mal nervös oder ängstlich. Bleiben Sie dann ruhig und gelassen und geben Sie Ihrem Hund das Gefühl, dass das, was eben geschehen ist, nichts Außergewöhnliches ist und summen Sie Ihr „Lieblingslied" dabei.

Mocca Sue orientierte sich vor allem mit ihrer Nase.

Anfangs dachte ich wirklich, dass Mocca Sues Augen die Farbe einer Zitrone hätten. Doch dies änderte sich mit der Zeit. Je länger sie bei uns war und je mehr sie sich mit uns beschäftigte, umso dunkler wurden ihre Augen. Später trugen sie die Farbe ihres Fellkleides und nur in ganz schlimmen Stresssituationen wurden sie noch um Nuancen heller. Dieses Phänomen hat einfach etwas mit Stress zu tun.

Aber zurück zu Mocca Sue, denn Bandera bekam einen neuen Namen, der zu ihrem Aussehen passt, eben Mocca Sue. Sie fing sehr schnell an mir zu vertrauen, wenn auch ich sie nicht anfassen durfte. Doch ihre Blicke waren stets auf mich gerichtet und drehte ich ihr den Rücken zu, so kam sie zu mir, um mich über ihre Nase zu erkunden.

Auch später „erlebte" sie ihre Umgebung vor allem mithilfe ihrer Nase. Besucher konnte sie auch später nicht leiden; sie hielt sich abseits und beobachtete. Waren die Gäste aber weg, so stürmte sie förmlich zu deren Sitzplätzen und „las" dort die Menschen aufgrund der Unmengen an Düften.

Adrenalin und die Augenfarbe

Das Stresshormon Adrenalin wird in der Nebenniere gebildet und bei psychischen und/oder physischen Belastungen ausgeschüttet. Bei Mocca Sue äußerte sich dies durch eine hohe Pulsfrequenz sowie erhöhte Kreatinin- und Zuckerwerte. Noch bevor wir ihr Blut testen konnten, fielen uns aber die zitronenfarbenen Augen auf. Es war keine Störung der Pigmentierung, denn nach etwa zwei Monaten verfärbten sich die Augen wieder und wurden graubraun, passend zu ihrem Fellkleid. Wir erlebten noch einmal während eines Tierarztbesuches, wie sich die Augenfarbe binnen einer Stunde Wartezeit veränderten, danach nie mehr. Es war für unsere Tierärztin und uns eine neue Erfahrung, die wir uns nur so erklären können, dass der Adrenalinpegel tatsächlich die Augenfarbe verändern kann.

Mocca Sue wurde wegen ihrer Panikattacken nicht weiter vermittelt. Ich halte es bei solchen Hunden für äußerst wichtig, ihnen keinen weiteren Umzug mehr zuzumuten.
Ich hätte mich als Verräterin gefühlt und wollte das aufgebaute Vertrauen nicht mehr gefährden. Mocca Sue brauchte drei Monate, bis sie sich von meinem Mann anfassen ließ, und dreieinhalb Jahre, bis sie sich auch von meinen Kindern streicheln ließ.

Moccas Sue war auch später immer noch scheu und zurückhaltend gegenüber Fremden.

Mocca Sue war ein gutes Beispiel dafür, dass wir unvorstellbar viel Zeit und Geduld opfern mussten. Belohnt wurden wir nach drei Jahren: Mocca Sue avancierte zu einer richtigen Schmusemaus – zwar unauffällig innerhalb der Gruppe, doch stets eine treue Gefährtin.
Inzwischen ist unsere Mocca Sue verstorben und wir widmen uns aktuell einer Panikhündin Honey(moon), die uns all die Dinge, die wir mit Mocca Sue erleben durften, wieder neu lehrt ...

Als ich 2004 begann, für spanische Windhunde das passende Zuhause zu suchen, sollte die Beschreibung so sein, dass der Interessent aufgrund der Informationen eine gute Vorstellung davon bekam, wie sein neues Familienmitglied in der ersten Zeit sein wird.

Es gibt viele Charaktereigenschaften, wobei ich mein größtes Augenmerk auf das vorhandene oder nicht vorhandene Zutrauen lege. Oft werden Hunde als scheu oder ängstlich beschrieben, doch was kann ich mir darunter vorstellen? Ich finde diese Aussage zu oberflächlich.

Geht dieser Wesenszug aus einer bestimmten Situation hervor oder ist es eine Eigenschaft, die sich als „roter Faden" durch alle Lebenslagen zieht?

So unterscheide ich vier Stufen:

- **1. furchtsam**

Der Hund kennt Vieles nicht. Einmal erlebt, sofort positiv verknüpft und bei weiteren Erlebnissen lockerer bis vertraut.

- **2. scheu und schreckhaft**

Der Hund braucht Anleitung durch den Hundehalter. Sollte einen souveränen Ersthund haben. Sollte in einer ruhigeren Umgebung leben, lernt positiv bestärkt.

- **3. ängstlich**

Sollte zu hundeerfahrenen Menschen vermittelt werden. Benötigt eine Eingewöhnungszeit von mindestens sechs Monaten. Benötigt eine souveräne Hundegruppe oder einen Ersthund. Sollte dosiert und sehr langsam an neue Situationen herangeführt werden. Rückzugsorte sind sehr wichtig. Kein Bedrängen, kein Zwang. Wohnung oder Haus mit Garten sind von Vorteil.

- **4. panisch**

Hier bekommt Zeit und Geduld eine neue Dimension. Diese (Wind-)Hunde können nur in Familien gegeben werden, die bereits Erfahrungen mit ängstlichen Hunden gemacht haben. In sehr kleinen Schritten erlernt der Hund das Leben im Haus, erträgt den Menschen in seiner neuen Umgebung. (Der Hund sieht das Haus als seinen Zwinger, den er jedoch nie mit Menschen teilen musste.) Streicheln, Anschauen, in Gegenwart des Menschen das Futter einzunehmen, ist für lange Zeit tabu. Diese Hunde können nur als Zweithund oder in eine Hundegruppe gegeben werden. Einzelhaltung oder Stadtwohnungshaltung ist eine Qual.

Die Medien sind voll mit entlaufenen Tieren.
Sichern Sie Ihren Hund, egal wie lange er bei Ihnen lebt.

Honey –
unsere Panikhündin

Seelenhunde

So unterschiedlich wie Menschen sich zeigen, so facettenreich benehmen sich auch unsere Galgos.

Während Phoenix dreimal mit der Pfote tippt, um anzuzeigen, dass er unter die Decke möchte, winselt Limexx so lange vor dem Objekt seiner Begierde, bis ihm die Türe geöffnet, die Zudecke hochgehoben oder der Platz auf dem Sofa angeboten wird.

Ganz anders ist dies bei Nena. Sie ist die einzige Hündin in unserer Gruppe, die jegliche Bewegung in Zeitlupe vollbringt und die es schafft, mit einem Hypnoseblick den Menschen „unbewusst" zu Handlungen zu verleiten, ohne unangenehm aufzufallen.

Nena hat einen Hypnoseblick.

Auch gegenüber Kindern ist Nena absolut gelassen.

Schwarz und charmant

Schwarze Hunde haben es schwerer in der Vermittlung. Es gibt hierfür keinen plausiblen Grund. Zu unserem Rudel zählen vier schwarze, charmante Windhunde, die beim kleinsten Sonnenstrahl blaumetallisch schimmern.

Besuchern steht sie immer zur Seite und wie kein zweiter Hund bietet sie sich mit einem weichen und sanften Blick an, damit man sie streichelt.
Schwarze, große Hunde haben es da oft schwerer, viel zu groß ist die Furcht vor ihnen, doch vor Nena fürchtet sich keiner. Ihre Gelassenheit und Gutmütigkeit, sowohl bei Kindern und alten Menschen als auch bei anderen Hunden, machen sie zu etwas ganz Besonderem.

Nena ist mein Seelenhund, den ich im Februar 2007 aus einer Tötungsstation in Madrid rettete. Sie wurde über einen Verein vermittelt, um dann nach sieben Monaten doch noch bei mir zu landen.
Ich holte sie zurück, weil sich die einstigen „Adoptanten" das Zusammenleben mit ihr anders vorgestellt hatten.
Sie übersahen die außerordentlichen Qualitäten dieser Hündin, sperrten sie die letzten zwei Monate in die Waschküche und verprügelten sie, wenn sie aus Angst und Verlassenheit auf den Betonboden pinkelte.

Ein Häuflein Elend zog bei uns ein. Fast 15 Monate lang war Nena nicht in der Lage, allein oder selbstständig aus der Hundeschüssel zu fressen.
Ich begegnete ihr mit der gleichen Unterwerfung und heute ist sie eine „Leithündin" in unserer Hundegruppe, auf die ich mich zu 99 Prozent verlassen kann.
Das eine Prozent, bei dem sie sich und mich vergisst, ist in solchen Situationen,

wenn Krähen unseren Weg kreuzen oder rote Autos an uns vorbeidonnern. Aber damit kann ich leben.
Was es mit den roten Fahrzeugen auf sich hat, kann ich nur erahnen. Wir konnten schon oft miterleben, wie Jäger das Lauftraining ihrer Hunde gestalten. So fahren sie mit bis zu fünf Windhunden am Fahrrad abends durch

Was Nena wirklich erlebt hat, bleibt immer ein Geheimnis.

Nena ist heute eine Leithündin in unserem Rudel.

kleine Ortschaften. Es ist erstaunlich, wie dies funktioniert. Alle kurzen Leinen in einer Hand, kein Galgo zieht, keiner wechselt die Position. In einem leichten schwebenden Trab begleiten sie ihren Herrn.

Dann gibt es aber auch die Trainingsmethode mit dem Auto. An einer selbstgefertigten Stange befestigt der Jäger seine Jagdhunde. Er fährt los, meist auf Nebenstrecken, sodass er weder anhalten noch dem Gegenverkehr ausweichen muss. Er ist mit einem guten Tempo unterwegs, sieht in den Seitenspiegel jeweils nur die äußeren Windhunde. Nicht selten kam ein Windhund bei dieser Methode zu Fall und verletzte sich dermaßen, dass er nicht mehr mit nach Hause genommen wurde. Nena rastet förmlich aus, wenn sie ein rotes Auto sieht. Vielleicht gehört dieses Erlebnis zu ihrer Lebensgeschichte – ich werde es nie erfahren.

Fundstück Ivy

Im Dezember 2012 machte ich mich wieder auf den Weg nach Córdoba. Auf meinem Transfer vom Flughafen zu Patricias Heim sah ich kurz vor Córdoba eine Galga und einen Podenco auf der Autobahn herumrennen. Bis dahin hatte ich nur von solchen Vorfällen gehört und nun steckte ich selbst mitten drin.

Es begann zu dämmern, ich hatte außer meinem Koffer nichts dabei – keine Leine, keine Wurst. Meine Gedanken drehten sich: Was sollte ich tun? Ich fuhr die 30 Minuten weiter und informierte Patricia per Handy. Sie bereitete derweil alle nötigen Utensilien vor und stand schon auf der Straße, als ich ankam.

Wir fuhren gleich an den „Fundort" zurück. Mittlerweile war es dunkel geworden, doch von den Hunden keine Spur. Nach zwei Stunden brachen wir ab. Das war für mich enttäuschend, denn ich hätte die ganze kalte Nacht dort gesessen, aber so verlegten wir die erneute Suche auf den nächsten Tag. Um 8.30 Uhr waren wir vor Ort und siehe da, unsere zwei Hunde hatten sich erneut an den Kanalrohren eingefunden.

Ich lag etwa dreieinhalb Stunden am Straßenrand, immer mit der Bitte, die beiden Hunde mögen dort bleiben, wo sie sich jetzt befanden. Zentimeter für Zentimeter robbte ich mich an sie heran und es gelang mir tatsächlich Ivy (die ihren Namen noch vor der Einfangaktion bekam) mit einem Satz einzufangen.

Unser Fundstück Ivy hat sich wieder gut erholt.

Ivy bekommt viel Liebe und Zuwendung.

Sie war schwer verletzt, musste am darauffolgenden Tag operiert werden und einen Monat später nochmals. Ein Sehnenriss konnte nicht korrigiert werden, was nicht weiter tragisch für sie ist. Sie läuft ein wenig eirig, kann aber sonst flitzen wie ein gesunder Hund.

Ivy kam zu uns. Eine schwere Niereninsuffizienz wurde in Deutschland diagnostiziert. Ich nahm sie aus der Vermittlung heraus. Ihre Werte werden aber zunehmend schlechter, doch sie bekommt ganz viel Liebe und Aufmerksamkeit. Wenn sie eine Tages von uns geht, dann geht sie mit einem großen Sack voll Zuwendung und der Gewissheit, ein Zuhause gehabt zu haben.

Truppentransporter: Gugus Galgomobil

Als die Kinder noch klein waren, kauften wir uns einen Kombi, um den Kinderwagen und die vielen Dinge, die Knirpse eben so brauchen, unterbringen zu können.
Mein Wunsch war es eigentlich, irgendwann wieder ein kleineres Fahrzeug steuern zu können. Doch dazu kam es nicht. Kaum brauchten wir den Platz nicht mehr für Dreirad und Spielzeug, zog auch schon der erste Hund bei uns ein. Anfangs noch mit Hundegurt auf dem Rücksitz zwischen den Kindern gesichert, gesellte sich Hund Nr. 2 dazu. Der Kofferraum wurde geteilt, für Feline und Snoopy, der andere Teil für Einkäufe und anderes Gepäck.
Tja, und dann zog Pflegehund Charlene ein, danach Isita – und jetzt wurde mein Kombi definitiv zu klein. Macht ja nix – wozu gibt es denn Autohäuser und mein Mann kaufte mir einen „Van". Zunächst noch als Fünfsitzer benutzbar folgten weitere Hunde und aus dem Familienauto wurde ein reines Hundetransportmittel. Die drei Sitze wurden umgeklappt und schon war es ein Zweisitzer.

Aber die Hunde sollten doch entspannter fahren, der Abstand zur Decke war für mich zu gering. Wieder gingen wir auf die Suche, dieses Mal nach einem „Galgomobil" und wir wurden fündig. Mit einem VW Caddy in der Langversion haben meine Hunde Platz, sowohl in der Länge als auch in der Höhe. Ich kann gerade noch in der Garage parken und meine Hunde dank der Schiebetüren problemlos ein- und ausladen.
Hätte mir vor zehn Jahren einer gesagt, dass bei mir einmal ein „Truppentransporter" steht, den hätte ich auf der Stelle ausgelacht. Ich habe mich an mein langes Vehikel längst gewöhnt und auch die Parkplatzsuche stellt für mich keine Herausforderung mehr dar. Unsere Hunde fahren begeistert mit, legen sich entspannt zur Seite und lassen sich gern von mir chauffieren.
Die getönten Scheiben im hinteren Bereich unterbinden das Aufheizen des Innenraums. Für ausreichend Frischluft ist ebenfalls gesorgt. Man glaubt gar nicht, wie viel Wärme eine sechsköpfige Windhundgruppe abgeben kann.
Auf alle Fälle haben wir nun das passende Fahrzeug, sodass gemeinsamen Ausflügen und sogar Urlauben nichts mehr im Wege steht.

Unser „Galgomobil"!

Familienurlaub

Es ist gar nicht so einfach, ein geeignetes Quartier mit Windhunden zu finden. Bei den meisten Quartieren ist ein Hund erlaubt, ein weiterer Hund meist nur auf Anfrage. Nun sind wir im Anfragen schon geübt und so stießen wir im Internet schließlich auf Angebote wie Hotels mit Einliegerwohnung oder Ferienhäuser mit eingezäuntem Gartenanteil, die doch tatsächlich auch mehr als vier Hunde zuließen.

„Hotel Neptun" in Cuxhaven ist ein Beispiel. Für den Menschen bietet es alle Vorzüge und Annehmlichkeiten, die zu einem Hotelaufenthalt gehören, wie Frühstück und/oder Halbpension, Reinigung, „Zimmerservice" und so weiter. Ein riesiger Pluspunkt für unsere Windhunde ist jedoch das

Erholung für alle!

Urlaub an der Nordsee.

Rennen durch den weichen Sand - das macht den Galgos natürlich Spaß.

so manchen „Schock“ versetzten und Limexx am letzten Tag noch eine extra Runde durch Getreide, Sandstrand und Schilf drehte, um ein Kaninchen zu fangen. Herr Mümmelmann war so schnell, dass er Limexx sogar in der zweiten Runde überholte und ich sah mich vor Schreck schon ohnmächtig im Sand liegen.

Wer hatte hier den größeren Spaß? Es ist nichts passiert, weder dem Kaninchen noch Limexx noch mir – aber ich hätte auf diese Showeinlage gern verzichtet.
Solche Momente sind nichts für mich. Ich habe keine Nerven dafür. Es mag unverständlich klingen – aber nach jedem Ausflug, den ich mit allen meinen Hunden mache, freue ich mich, wenn wir die Garagentür hinter uns schließen und wir alle unversehrt wieder zu Hause sind.

angrenzende 7,5 Hektar große – und eingezäunte! – Waldgrundstück. Ein Abenteuerspielplatz erster Klasse, Erholung für Mensch und Hund. Morgendliche und abendliche Spaziergänge am Strand rundeten unser Programm ab.

Die zweite Variante für einen Urlaub mit Hunden: „Selbstversorger“ im Ferienhaus auf Fehmarn. Viel Platz im Haus, ein großer eingezäunter Garten, lange Spaziergänge am Strand – das hat auch etwas.

Was ich damit sagen will:
Mit einer guten Vorbereitung ist auch eine Reise mit vielen Hunden größtenteils Erholung und Abwechslung. Auch wenn uns die vielen Kaninchen auf der Insel in

Impressionen am Meer.

Tierschutz – ein Leben für die Galgos?

Warum Hunde aus dem Ausland? Diese Frage wird uns oft gestellt und es gibt eine klare Antwort darauf: Helfen kennt keine Landesgrenzen!
Überall auf der Welt werden Tiere misshandelt, denn „solange der Mensch denkt, dass Tiere nicht fühlen können, müssen Tiere fühlen, dass Menschen nicht denken können."

Wir haben entschieden, unseren Fokus auf die Verbesserung der Zustände für die spanischen Hunde zu legen. Gerade die Jagdhunde werden weiterhin massiv misshandelt und gequält und das in einem „modernen" EU-Land wie Spanien – Reiseziel Nummer 1 für viele Deutsche.

Der Umgang und das Verständnis für das Lebewesen Hund sind in Spanien und anderen süd-/osteuropäischen Ländern ganz anders als bei uns. So werden Jagdhunde ausschließlich als Nutztiere angesehen und auch so gehalten. Für viele wäre es undenkbar, einen Galgo Español als Familienmitglied aufzunehmen.

Ist die Jagdsaison zu Ende oder taugen die Windhunde nicht mehr, werden sie zu Tausenden entweder in Tötungsstationen abgegeben, ausgesetzt und ihrem Schicksal überlassen oder auf brutale Weise getötet. Die Liste der Quälereien ist lang – erst im Jahr 2003 hat Spanien ein Tierschutzgesetz erlassen, was beispielsweise für das Erhängen eines Galgos eine Geldstrafe von 15.000 Euro vorsieht. Doch an der Umsetzung dieses Gesetzes mangelt es noch immer!

Diese Hunde warten auf ein neues Zuhause.

Auch alte, kranke und geschundene Hunde warten auf eine Vermittlung.

Die spanischen Tierschützer kämpfen dafür, dass das Tierschutzgesetz endlich greift, informieren Kinder in Schulen, versuchen mit Öffentlichkeitsarbeit die Bevölkerung zu sensibilisieren, setzen sich für Kastrationsprogramme ein, gehen in den Perreras die Zwinger reinigen, füttern die Tiere und lassen sie im Krankheitsfall medizinisch versorgen.

Kleine Hunde werden mittlerweile auch in Spanien weitervermittelt, was beim Galgo Español und dem Podenco aber offensichtlich nicht erfolgt. Wir versuchen mittels der spanischen Organisation „Galgos del Sur" diesen liebenswerten und besonderen Hunden eine zweite Chance zu geben, das Leben in einer Familie zu ermöglichen.

Eine Reise nach Madrid

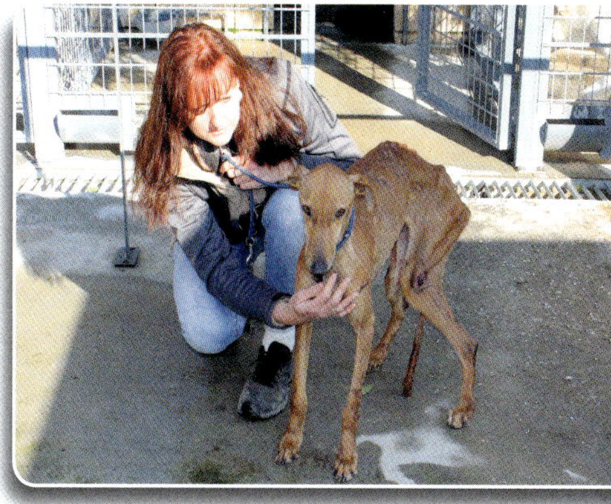

Wir haben uns der Hilfe für diese geschundenen Kreaturen verschrieben.

Meine ersten Eindrücke im spanischen „Tierschutz" sammelte ich im Januar 2007, als ich mich als Flugpate zur Verfügung stellte. Paloma, eine ehrenamtliche Mitarbeiterin im Katzenhaus von ANAA Madrid nahm mich für drei Tage bei sich zu Hause auf. Durch sie und ihren Sohn Alexander durfte ich hinter die Kulissen sehen und es war für mich sehr ergreifend, was ich erleben durfte. ANAA Madrid ist das größte Tierheim in Madrid. Es arbeitet mit vielen ehrenamtlichen Helfern, die sich rührend um geschundene Hunde- und Katzenseelen kümmern.
Es gibt drei große Hundehäuser mit ohrenbetäubendem Gebell – alles tolle Hunde, die adoptiert werden wollen.
Im Haus 2 saß hinten links eine Hündin namens Milka, eine ängstliche Settermischlingshündin. Ich hatte sie schon sieben Wochen zuvor auf der Webseite gesehen. Natürlich erkundigte ich mich nach ihr, doch keiner der Mitarbeiterinnen sagte dieser Name etwas. Ich suchte und fand Milka, total verängstigt zwischen Zwingerwand und Hundekorb kauernd, völlig traumatisiert.

Ein Blick in die großzügige Tierheimanlage in Madrid.

Meine Flugboxen waren alle belegt und so saß ich weinend bei ihr auf dem Boden, mit meinem Blick beschwichtigend, und versprach ihr in die Pfote, sie schnellstens nach Deutschland zu holen. Sandra veröffentlichte mein „Gesuch" und wir bekamen binnen zwei Tagen 61 Angebote – so viel wie nie zuvor.

Am 27. Februar hatten wir Flugpaten und Christiane, ihre zukünftige Hundemutti, holte sie ab. Milka-Marie, wie sie jetzt genannt wird, ist ihr Seelenhund, genauso verrückt und spontan wie sie selbst, und dank dieser Hündin begann für uns beiden Frauen eine wunderbare Freundschaft – auch fürs Leben!

Córdoba: Freunde fürs Leben

Patricia lernte ich 2006 persönlich kennen. Sie hatte kurz vor Weihnachten einen Welpen gefunden, für den wir keine spanische Pflegestelle fanden.

Sie hatte den gleichen Humor, wir weinten gemeinsam und wir spürten, dass unsere Vorgehensweise in Sachen Tierrettung die gleiche war. Ich machte mich dafür stark, auch ihre Organisation mit aufzunehmen und sie in der Suche nach einem geeigneten Zuhause für die Hunde zu unterstützen.

Auch diese Galga wurde bei Patricia (rechts im Bild) versorgt und suchte ein neues Zuhause.

Im Laufe der Jahre spezialisierte sie sich dann auf die Galgos – kein Wunder, denn Andalusien ist die Hochburg der Galgozuchten, aber auch die Hochburg der nach der Jagdsaison weggeworfenen Windhunde.

Unser Galgo Limexx war der Start einer ungewöhnlichen Freundschaft mit Patricias Verein „Galgos del Sur" und wir haben für uns entschieden, ihr und allen Mitstreitern in Córdoba so zu helfen, dass unser Traum, eine Auffangstation zu bauen, langsam Formen annahm.

Das Fernsehteam von VOX war live dabei.

Der Fernsehsender VOX drehte mit uns acht Tage lang eine sechsteilige Reportage „Operation Galgo", die im November 2013 in „hundkatzemaus" ausgestrahlt wurde. Wir konnten viele Menschen erreichen und hoffen, dass das Interesse am Leid der Galgos darüber hinaus bestehen bleibt.

Für das Vertrauen aller spanischen Freunde und Helfer bedanken wir uns. Das Jahr 2013 hat uns Vieles gelehrt und noch enger miteinander gebunden. Wir danken allen Spendern, die uns unterstützen, allen Familien und Interessenten, die mehr über unsere Arbeit wissen wollen.
Nur so kann gute Tierschutzarbeit gelingen!

Von Züchtern und Jägern

Fast jede geschlechtsreife Hündin wird in Spanien gedeckt. Diese unkontrollierte Vermehrung findet somit nicht nur bei „ausgewählten" Züchtern statt, sondern in vielen dunklen Hinterhöfen. Wohin mit dem Nachwuchs?

Wir pflegen einige Kontakte mit Jägern und Züchtern und hoffen, durch ausgiebige Gespräche ein langsames Umdenken anzustoßen.

Nach einer zähen Verhandlung konnten wir Faraon schließlich mitnehmen.

An dieser Stelle möchte ich von Faraon berichten, den wir nach langen Verhandlungen bei einem spanischen Galguero herausholen konnten. Faraon war im Dezember 2012 etwa 13 Jahre alt und hätte den Winter nicht überstanden. Eine sehr große Wunde an seiner linken Vorderpfote wurde zu seinem Todesurteil. Sein Jäger, der auch Galgos züchtet, übergab ihn schließlich an uns nach einem zweistündigen Gespräch.

Faraon kam im Februar 2013 nach Deutschland in eine Pflegestelle. Zwischenzeitlich haben wir ihn zweimal operiert. Die zweite Operation war Mitte März 2014, hier mussten wir ihm die eitrige Zehe entfernen. Faraon erholte sich aber auch von diesem Eingriff erstaunlich gut und schnell.

Die eitrige Zehe musste bei Faraon entfernt werden.

Zeit zum Umdenken

Es liegt uns fern, mit erhobenem Zeigefinger in einem fremden Land Missstände zu verurteilen. Wir legen mehr Wert auf die Kommunikation zwischen verantwortlichen Politikern, der Jägerschaft und der Bevölkerung. Uns ist an einem globalen Umdenken gelegen und das kann nur im Einvernehmen mit der spanischen Bevölkerung gelingen.

Geburtenregelung – dafür kämpfen auch die spanischen Tierschützer

Ein wichtiger Schritt in Sachen Tierschutzarbeit ist die kontrollierte Tiervermehrung unserer Nachbarstaaten. Längst ist den Tierschützern klar geworden, dass Leid und Elend der Straßentiere nur dann gemindert werden kann, wenn erlassene Tierschutzgesetze auch eingehalten werden. Es darf nicht sein, dass jede Hündin, die läufig wird, bis zu zweimal im Jahr Welpen zur Welt bringt, die dann auf elende Art verenden. Die Nachfrage bestimmt längst nicht mehr die „Produktion". Vielen Menschen ist nicht bewusst, dass ein Wurf gut und gern acht bis zwölf Welpen hervorbringt. Die Frage „Wohin mit den Welpen?" stellt sich gar nicht oder erst, wenn die Kleinen anstrengend werden.

Wir erleben täglich die Abgaben von ganzen Hundefamilien in den Tötungsstationen, nicht einmal die Mutter wird verschont.

Deshalb werden alle Hunde, die in einem Alter von ungefähr einem Jahr nach Deutschland vermittelt werden, ausschließlich kastriert eingeführt. Selbstverständlich lassen wir Welpen, die wir frühestens im Alter von 16 Wochen mitbringen, noch nicht kastrieren, halten jedoch in unseren Schutzverträgen fest, dass die Adoptanten zu gegebener Zeit den Nachweis zu erbringen haben, dass ihr Hund kastriert wurde. Wir wollen nicht, dass unsere Hunde, die wir vor dem Tod bewahren konnten, nur weil sie unkontrolliert gezeugt wurden, hier in Deutschland zur Nachzucht eingesetzt werden.

Wir machen keinen Unterschied zum Beispiel auf diese Weise, dass wir nur die Hündinnen unfruchtbar machen. Obwohl die Operation für Hündinnen einen großen Eingriff darstellt und auch nicht immer komplikationslos verläuft, so stehen die Tierärzte der Universität von Córdoba trotzdem hinter uns. Sie bieten unseren Galgos eine Verweildauer von bis zu zehn Tagen nach dem Eingriff an.

Die Suche nach geeigneten Pflegestellen entfällt und die optimale Versorgung bis zum Fädenziehen ist sichergestellt. In Quarantäneboxen auf beheizten Fliesen und einem Hundekorb mit weichen Decken dürfen sich unsere Galgos erholen und werden von angehenden Tierärzten aus aller Welt liebevoll betreut.

Perrera: Endstation Galgo

Viele Menschen wissen nicht, dass es in Spanien nur wenige private Tierheime und unzählige staatlich geförderte Tötungsstationen, sogenannte Perreras, gibt. Diese sind keine Tierheime, sondern Zwingeranlagen, in denen die Hunde bis zu ihrer Euthanasierung zu Dutzenden eingepfercht werden. Es wird nicht darauf geachtet, die Hunde geschlechterspezifisch zu trennen und so kommt es noch vor der Euthanasie oft zu blutigen Beißereien, bei denen sich die Hunde gegenseitig tödlich verletzen!
Es ist üblich, die Tiere nach einer Frist von 21 Tagen zu töten, sofern sie in der Zwischenzeit keinen neuen Besitzer gefunden oder von Tierschützern freigekauft werden.

Man kann denken, dass bei der Masse an Tieren diese Art des Tötens human sei, doch dem ist in der Regel nicht so! Um Kosten zu sparen, werden die Tiere auch hierbei oft noch zu Tode gequält, indem sie nicht wie vorgesehen mittels zwei Spritzen euthanasiert werden, sondern nur mit einer, der Todesspritze (auf die Narkose wird verzichtet). Die Perreras dementieren dies selbstverständlich.
In einigen dieser Perreras wurde es spanischen Tierschützern erlaubt, für die Tiere ein neues Zuhause zu finden – im Gegenzug werden die Tiere nicht nach 21 Tagen eingeschläfert, solange noch Kapazitäten frei sind. Zum Teil mieten die spanischen Tierschützer Zwinger in den Perreras an, sodass ein Teil der Hunde dort untergebracht und vorerst vor dem Tod sicher ist. Oder sie werden freigekauft und in Pensionen und Pflegestellen untergebracht, um dann vermittelt zu werden.
Wir haben bereits einige Perreras und private Tierheime besucht und miterleben dürfen, mit welchem Einsatz die spanischen Tierschützer gegen das Leid der Tiere in ihrem eigenen Land ankämpfen. Allein können sie es nicht schaffen und aus diesem Grund helfen wir ihnen – vor Ort und mit der Vermittlung von Hunden nach Deutschland.
Es ist **NICHT** unser Ziel, die deutschen Tierheime zu füllen, und so reisen unsere Hunde erst aus Spanien aus, wenn sich durch unsere Vorkontrollen ein sicheres, warmes Zuhause gefunden hat!

Galgos werden erst nach Deutschland gebracht, wenn wir ein Zuhause für sie gefunden haben.

Typische Krankheiten und Verletzungen

Wie jeder andere Hund können auch Galgos von verschiedenen Krankheiten heimgesucht werden oder mal einen Unfall haben. Über die üblichen Erkrankungen wie zum Beispiel Durchfall, Erbrechen oder Husten und deren Vorbeugung und Behandlung finden Sie in der einschlägigen Literatur eine Menge an Informationen (siehe auch Literaturverzeichnis). Daher gehe ich hier – ebenso wie auf mögliche Impfungen, Entwurmungen usw. – nicht näher ein. Weiterhin berät Sie Ihr Tierarzt sicherlich diesbezüglich auch ausführlich.

Ich habe dagegen hier die nach unseren Erfahrungen häufigen oder für Galgos typischen Erkrankungen und Verletzungen sowie Besonderheiten aufgeführt und beschrieben, wie man am besten damit umgeht.

Auch der robusteste Galgo kann mal krank werden.

Greyhoundsperre

Die sogenannte Greyhoundsperre Ist eine Krankheit, die nur Windhunde betrifft, und zwar nicht nur den untrainierten und dadurch körperlich überbeanspruchten Greyhound auf der Rennbahn, wie häufig behauptet wird. Mit diesem Irrglauben leben viele Windhundebesitzer und keiner ahnt, dass es auch andere Windhundrassen – wie zum Beispiel den robusten Galgo Español ebenso wie den kleinen Whippet – betreffen kann.

Da diese Erkrankung nur bei Windhunden auftritt, kann man davon ausgehen, dass die Veranlagung dafür vererbt wird.

Die Greyhoundsperre ist nicht immer sofort erkennbar. Was zunächst nur als eine Überbeanspruchung oder ein Muskelkater nach Sprints und Verfolgungsjagden mit Hundefreunden gedeutet wird, kann durchaus innerhalb von 12 bis 72 Stunden zu einer ernsthaften und lebensbedrohenden Erkrankung führen, wenn es sich zum eine Greyhoundsperre handelt. Symptome wie dunkler, brauner Urin (durch Ablagerung von Myoglobin im Harn), ein steifer Gang sowie Schwäche eventuell verbunden mit einem Kreislaufkollaps sind Anzeichen, die sehr dafür sprechen.

Ziehen Sie diese Erkenntnis nicht in Betracht, kann Ihr Hund an den Folgen von schweren Nierenschäden sterben. Daher sollten Sie unverzüglich den Tierarzt aufsuchen, falls ein Verdacht auf Greyhoundsperre besteht.

Ich empfehle daher, dass Sie sich noch vor der Anschaffung eines Windhundes ausgiebig mit diesem Thema befassen, um im Ernstfall sofort und richtig handeln zu können.

Bei einem akuten Ernstfall muss der Hund mit einer Ringerlösung per Infusion behandelt werden, da sonst ein Nierenversagen erfolgen kann.

Erkundigen Sie sich bei Ihrem Tierarzt, ob er sich mit den Besonderheiten dieser Erkrankung auskennt. Denn Zeit zum Experimentieren bleibt im Notfall keine!

Narkose beim Windhund

Windhunde aus dem Tierschutz kommen im Allgemeinen kastriert nach Deutschland. Das Alter oder bestehende Krankheiten lassen Ausnahmen zu.

Sollte trotzdem mal eine Narkose nötig sein, so unterscheidet sich auch hier die Wahl des Medikaments gegenüber anderer Rassen. So dürfen für Windhunde keine Barbiturate verwendet werden. Nachweislich führte der Einsatz dieses Medikaments schon zum Tod von Windhunden. Ein sprunghafter Anstieg der eigenen Körpertemperatur nach der Gabe von Barbituraten war bei diesen Hunden der Grund für das Herzversagen.

Bluttest

Erst wenn ein Hund erkrankt ist, wird in der Regel Blut entnommen und untersucht.
Ich empfehle aber, dies jährlich zu tun, auch wenn der Galgo nicht krank ist. Sie erhöhen damit die Chance, den Zeitraum einer Erkrankung Ihres Windhundes einzugrenzen und damit die Therapie entscheidend beeinflussen zu können.

Grundsätzlich weichen folgende Blutwerte zu den Werten von anderen Hunderassen ab:

- Rotes Blutbild
- Weißes Blutbild
- Gesamteiweiß und Globulin
- Kreatinin
- Schilddrüsenhormon (T4-Wert)

Sprechen Sie Ihren Tierarzt bitte darauf an.

Zähne

Die Kontrolle der Zähne ist sicherlich genauso wichtig wie beim Menschen. Zahnstein entsteht nicht nur beim alten Hund, sondern hängt auch von der Ernährung ab. Hunde, die mit Rohfleisch gefüttert werden (BARF) haben nachweislich weniger Probleme damit.
Wir hatten einige Galgos in der Vermittlung, die sich weigerten, bestimmtes Trockenfutter zu fressen. Dabei machten sie auch Unterschiede in der Größe der einzelnen Brocken.
Bitte achten Sie darauf, dass Sie Ihrem Windhund Kauartikel ohne Zusatzstoffe für seine Mund- und Zahnpflege anbieten. Denn Zahnstein führt nicht selten zu entzündetem Zahnfleisch, der sich durch üblen Mundgeruch bemerkbar macht.

Etwas zum Kauen für zwischendurch ist gut für die Zahnpflege.

Schlagrute

Nicht selten hören wir von Adoptanten, dass sich der Galgo das Endstück seiner Rute aufgeschlagen hat und die Wunde dann nicht mehr zuheilt. Wer dies einmal miterlebt hat, weiß, wie blutig eine solche Verletzung sein kann.
Wir haben die Erfahrung gemacht, dass ein geschlossener Verband die Heilung nur verzögert. Wichtig ist, dass an die Schwanzspitze ausreichend Luft hinkommt, dass die Wundsalbe nicht abgeschleckt werden kann und dass durch freudiges Wedeln kein erneutes Aufschlagen geschieht.
Wir haben mit folgender Methode gute Erfahrungen gemacht: Besorgen Sie sich dafür einen Lockenwickler. Das Schwanzende wird mit weichem Verbandsmaterial umwickelt und in den Lockenwickler gesteckt. Dieser wird dann im Ganzen mit einem feinen Verband fixiert und ausreichend mit Pflaster an den behaarten Stellen der Rute festgeklebt. Achten Sie darauf, dass der Wickler nicht nass wird. Kontrollieren sollten Sie die Rutenspitze alle drei bis vier Tage, sofern ihr Hund keine Schmerzen zeigt. Nach etwa drei bis vier Wochen ist die offene Wunde abgeheilt und der Verband kann abgenommen werden.
Erwähnen möchte ich jedoch, dass diese Verletzung immer wieder auftreten kann. Ob es sich hierbei um eine Veranlagung handelt, möchte ich bezweifeln, sondern es hat eher etwas mit dem Temperament der Hunde zu tun. Der Rutenschlag eines Windhundes entspricht nämlich eher dem einer Peitsche. Die Rute ist weder durch allzu kräftige Haut noch durch dickes Fell geschützt – und dies macht sie anfällig für Verletzungen.

Fieber

Eine Körpertemperatur bis 39,3 °C ist beim Galgo als normal anzusehen. Wir hatten Windhunde, bei denen wir an einem Sommertag beim Tierarzt sogar 40,5 °C messen konnten.
Die Aufregung und ihr Zittern ließen den Körper der Hunde förmlich glühen. Dies sind aber Ausnahmeerscheinungen.
Werden solch hohe Temperaturen bei Ihrem Hund zu Hause gemessen, ist es sehr ratsam, sofort den Tierarzt aufzusuchen, da eine rasche Behandlung notwendig ist. Bis dahin geben wir Globuli (Streukügelchen) von Belladonna C30 und legen wenn nötig Wadenwickel an. Aconitum D12 (je 5 Kügelchen pro Stunde) wirken ebenfalls fiebersenkend. All diese Mittel ersetzen jedoch keinen Tierarztbesuch!

Bei den bewegungsfreudigen Galgos können durchaus auch Sportverletzungen auftreten.

Sportverletzungen

Sportverletzungen wie Zerrungen, Dehnungen oder Verstauchungen kommen öfter vor, als man denkt. Der Tritt in ein kleines Erdloch, eine ruckartige Wendung, ein freudiges Hochspringen – und schon ist es passiert.
Arnica D12 Streukügelchen (anfangs stündlich 5 Kügelchen) lösen die Verspannung.

Besteht eine Anfälligkeit, so hat sich die Gabe von Glukosamin für eine dreiwöchige Therapie sehr gut bewährt.
Ein Beutel mit 1500 mg reicht für zwei Tage bei einem 25 kg schweren Hund. Für mindestens fünf Tage ist dann das ausschließliche An-der-Leine-Gehen empfohlen.

Insektenstiche und -bisse

Besonders im Sommer, wenn Wespen und Bienen auf den Wiesenblumen sitzen und wenn Bremsen in der Sonne umherschwirren, kommt es mitunter zu Stichen oder Bissen, die besonders anschwellen.
Als hemmend haben sich Umschläge oder das Tupfen von essigsaurer Tonerde mit Wasser 1:2 verdünnt und die Gabe von Berberis C30 (stündlich 5 Kügelchen) bewährt. Kalte Kompressen lindern den Juckreiz. Bitte kein Fenistil auftragen!

Im Sommer kann es auf einer Blumenwiese schon mal zu Insektenstichen kommen.

Offene Wunden

Je öfter Sie sich mit anderen Windhundebesitzern treffen oder Sie Ihrem Hund die Möglichkeit geben, frei zu rennen, umso größer ist auch seine Verletzungsgefahr. Seine dünne Haut ist empfindlich und anfällig zu reißen.
Kleine Wunden können Sie selbst mit den üblichen Wundsalben selbst behandeln. Um ein permanentes Schlecken zu vermeiden, können Sie Ihrem Windhund aus einem T-Shirt einen Body zaubern, der mithilfe von Pflaster oder geklebtem Klettverschluss passgenau sitzt.

Abgerissene oder eingerissene Krallen

Öfters als uns lieb ist werden wir mit eingerissenen Krallen konfrontiert. Während wir diese mit einer jodhaltigen Wundsalbe gut eincremen, um dann einen alten dicken Socken darüber zu stülpen, muss bei einem Abriss der Kralle unbedingt der Tierarzt aufgesucht werden. Beides ist sehr schmerzhaft! Beim Abriss der Kralle muss abgeklärt werden, ob das Krallenbein unversehrt ist.
Mitunter benötigt der Windhund für die Untersuchung und die Behandlung eine Kurznarkose.

Blasenentzündung

Wenn ein Hund häufig nach draußen muss und starken Harndrang hat, aber dann meistens nur tröpfchenweise Urin absetzt, sind das oft Anzeichen für eine Blasenentzündung.
Wenn wir uns nicht ganz sicher sind, testen wir den Urin mit einem Combur5-Test HC-Streifen (Roche Diagnostics Deutschland), der in der Apotheke erhältlich ist. Sind die Werte von der Farbskala abweichend, so ist unmittelbar danach ein Tierarzt aufzusuchen. Eine Antibiotikabehandlung ist dann erforderlich.

Unterstützend geben wir von PerNaturan Nieren-Kräuter als auch „Urogenat".
Cranberryfruchtpulver, Schließgraswurzel und Bärentraubenblätter wirken positiv auf die gereizte Blase.
Unterstützend sollte der Hund mindestens 300 bis 500 ml zusätzlich Flüssigkeit aufnehmen. Hierzu verwenden wir den Sud aus selbst gekochten Karotten, 2 EL auf 150 ml Wasser dreimal täglich.

Rätselhafte Entzündung

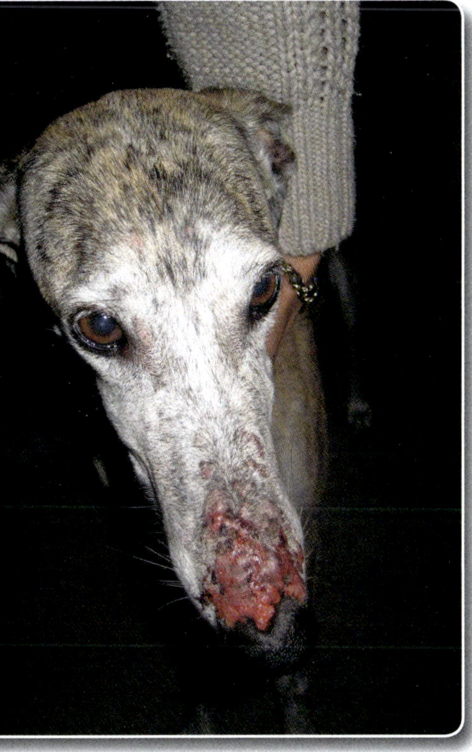

So sah die riesige Wunde von Janice aus.

Unsere Janice ist eine begnadete Mäusefängerin. Ihre Leidenschaft, nämlich das Ausbuddeln der Nester, kann sie auf unserer Koppel völlig ausleben, wie schon zuvor berichtet wurde.

Wären da nicht die Dornen von wilden Brombeerhecken oder kantige abgebrochene Äste, die unbemerkt die Gesichtshaut verletzen können. So muss es sich bei Janice Hautausschlag zugetragen haben.

Binnen 24 Stunden zeigte sie eine leichte Schwellung im Gesicht. Ihre lange Galgonase wurde zunehmend dicker und die Färbung der Haut wurde dunkel. Noch hielt ich es nicht für notwendig, den Tierarzt einzuschalten.

Weitere 24 Stunden später löste sich die dunkle Haut auf und ich wurde sofort bei unserer Tierärztin vorstellig. Wir wussten nicht, was diese Hautirritation verursacht haben könnte, und so nahmen wir Blut, um eine eventuelle beginnende Hautleishmaniose zu stoppen. Bis dahin bekam sie ein Antibiotikum. In den darauffolgenden fünf Tagen starb die Haut im gesamten Gesichtsbereich ab. Tägliches Abtragen der abgestoßenen Hautpartikel ließen eine riesengroße Wundfläche auftreten.

Die Blutergebnisse waren allesamt negativ und wir mussten weiter zusehen, wie sich die Entzündung in Richtung Stirn und Ohren weiter ausbreitet. Das Antibiotikum wurde durch ein anderes ersetzt und Janice bekam Socken angezogen, sodass sie durch ihr Kratzen keine weiteren Keime in die Wunde bringen konnte.

Zum Glück hat sich Janice wieder gut erholt.

Der Abstrich gab auch keine weiteren Hinweise auf einen möglichen Pilzbefall. Wir arbeiteten drei Wochen intensiv an ihrer Haut und so abrupt, wie es einst begann, stoppte es auch wieder. Janices Haut erholte sich und nach weiteren drei Wochen erkannte man den ersten Flaum in ihrem Gesicht.

Was der Grund hierfür war, ist uns bis heute ein Rätsel geblieben. Wir vermuten jedoch, dass sie durch einen leichten Kratzer auf ihrer Nase resistente Bakterien aus dem Wühlmausnest aufgenommen hatte und diese zu dem Hautausschlag führten. Ich habe daraus gelernt, nach jedem Ausflug und nach jedem „Mäusetreffen“ die Gesichter meiner Hunde mit warmem Wasser zu waschen und mit einer Lotion zu desinfizieren. Seither hatten wir nie mehr dieses Problem.

Ohrenentzündung

Eine Otitis externa, eine andere Bezeichnung für eine Ohrenentzündung, kommt besonders häufig bei Hunden mit Schlappohren vor wie zum Beispiel beim Dackel oder Pudel. Das „verschlossene" Ohr wird schlecht belüftet und der feine Haarwuchs im Innern des Ohres lässt das Ohrenschmalz schlechter abtransportieren. Der Halter bemerkt es dann, wenn der Hund den Kopf seltsam schief hält und ein starker Juckreiz im Ohr ihn kaum zur Ruhe kommen lässt oder wenn der Hund durch Schmerzen „verkrampft" in der Ecke liegt. Die großen Schmerzen im Kopfbereich lassen so manchen Patienten aggressiv wirken, insbesondere wenn er am Kopf berührt wird.

Häufige Ursachen sind kleine Fremdkörper wie Samen oder Getreidereste, aber auch Milben oder Immunerkrankungen.

Auch ein Galgo Español kann eine Otitis externa bekommen. Unser Phoenix ist hier ein Dauerkandidat bei unserer Tierärztin. Warum er so oft an der Ohrenentzündung erkrankt, konnten wir erst nach Monaten klären. Phoenix liebt es, an der Tujahecke entlang zu schlendern und sich von den Wedeln bürsten zu lassen. Dabei fallen wohl immer wieder getrocknete Blütenreste in seinen Gehörgang. Die Blüten reizen seine Ohrmuschel bis zur Bläschenbildung. Ein feuerrotes Innenohr meldet die Entzündung an. Da diese Entzündung sehr schmerzhaft für den Hund ist, sollten Sie sofort Ihren Tierarzt aufsuchen, der dann das Ohr reinigt und Ihnen ein entsprechendes Medikament mitgibt. Wir haben mit speziellen Ohrentropfen sehr gute Erfahrungen gemacht.

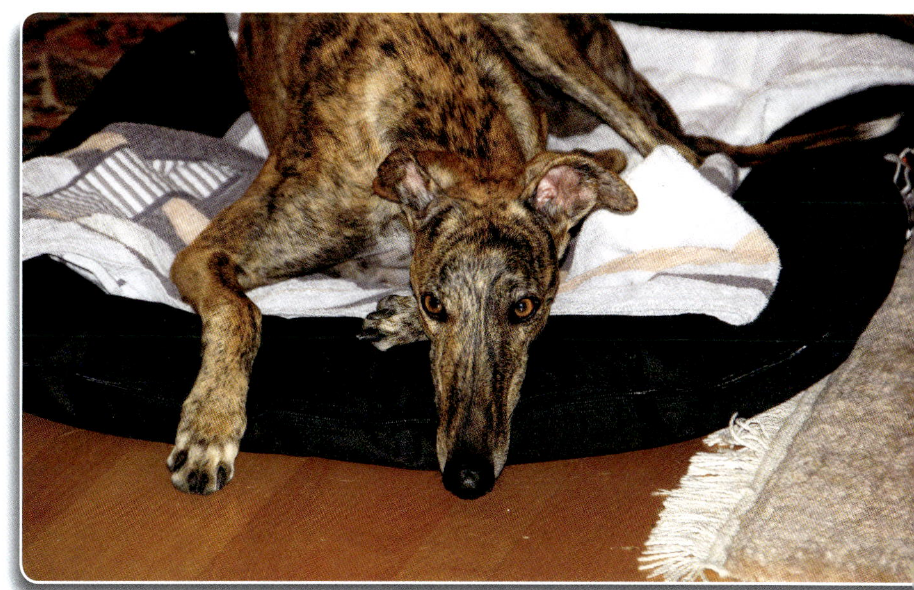

Phoenix hat leider häufig eine Ohrenentzündung.

Ausblick

Ein Traum wird wahr

Ja, Träume habe ich genug – und einen Traum wollen wir nun realisieren: Den Traum einer Begegnungsstätte und Tierherberge in Spanien – genauer gesagt in Córdoba.

Es hat zehn Monate gedauert, bis wir ein geeignetes Grundstück gefunden haben und kaufen durften. Seit Juli 2013 sind wir stolze Besitzer eines wunderschön flach gelegenen Ackerlandes, das wir Ende August sicher einzäunen konnten. Wir haben uns entschlossen, es so zu bauen, dass es allen Umweltrichtlinien hinsichtlich der Materialien und der erneuerbaren Energieträgern gerecht wird. Hierzu sind wir auf Spenden und Helfer angewiesen.

Auf diesem Gelände wurde unser Traum wahr.

Wer sich in einem Verein engagiert und dafür einen Standort, eine „Bleibe" errichten möchte, weiß, dass wir mit unserem Bauvorhaben einen steinigen Weg beschreiten mussten. Die Bürokratie ist in jedem Land die Gleiche und so warteten wir bis Dezember 2017 auf die Genehmigung des Landes-Umweltamtes, des Stadtverwaltungsamtes und auf die Genehmigung durch die Baubehörde.

Als uns dies vorlag, konnten wir erst eine Firma beauftragen, eine Wasserbohrung durchzuführen und die Wasserqualität zu prüfen. 97 % Wasserreinheit lautete das Ergebnis. Mit einem Hauswasserwerk werden wir dieses Grundwasser für die Tränkung unserer Hunde hernehmen können.

Am 7. Juni 2018 fand die Grundsteinlegung für ein Projekt statt, welches es in Andalusien in der Form noch nie gab und es auch in Zukunft nicht geben wird.

Mittlerweile steht das Gewerk (April 2019). Es wurden Materialien verwendet, die große Temperaturunterschiede aushalten (in den Sommermonaten bis zu 56 Grad im Schatten, in den Wintermonaten um den Gefrierpunkt). Die Energieversorgung wird durch eine Voltaik-Anlage gesichert. In Spanien muss man sich nämlich für eine Variante entscheiden, entweder nur Stromversorgung oder nur Solar.
Alle diese Vorhaben können nur mit Spendengeldern umgesetzt werden.

Die Schlüsselübergabe zwischen der Baufirma und Galgos del Sur/Tierschutz Spanien e. V. fand am 23. Mai 2019 statt.
Die nächste Hürde ist der Innenausbau. Die Böden werden mit säurefesten Belägen ausgestattet, ein großer Raum, unterteilt in eine Küchenzeile mit Sitzmöglichkeiten und eine Nasszelle ermöglicht drei Volontären eine Unterkunft während ihrer Freiwilligenarbeit mit den Galgos. 140 Tiere können gleichzeitig versorgt werden.

Machen Sie mit und erleben Sie mit Gleichgesinnten die Fertigstellung dieses einmaligen Projektes!

Danke

Viele Menschen haben dazu beigetragen, dass ich meine Erlebnisse aufs Papier brachte, und denen möchte ich hier ganz herzlich Danke sagen:

- Micha, mein Ehemann – er hat mir dies alles ermöglicht. Micha schenkte mir vor fünf Jahren zu Weihnachten ein Buch mit einem Bild von Limexx auf dem Cover – und vielen leeren Seiten. Heute ist das Buch voll mit meinen Geschichten und den entsprechenden Fotos, unterhaltsam verfasst und doch für den einen oder anderen zukünftigen Galgobesitzer ein kleiner Leitfaden, wie es sein kann, aber nicht sein muss.
- Unseren Kindern Christoph, Stephan und Anni, die mein turbulentes Hobby akzeptieren und mich tatkräftig unterstützen.
- Unseren Freunden Cordula, Peter und Jannik – Cordula, die auch Nachtschichten einlegte, um mir ein tolles Konzept für die Gestaltung anbieten zu können, und Peter, der tagsüber stundenlang mit Jannik im Kinderwagen durch die Straßen lief, im Sommer dann der beste Kunde des mobilen Eisverkäufers und der beliebteste Vater auf dem Spielplatz wurde.
- Unserer lieben Tierärztin, Dr. med. vet. Susanne Linckh – mit ihr verbringe ich nächtelang die Zeit mit Notfällen. Sie ist immer und jederzeit für uns da, hat viele Hunde durch ihr großes Fachwissen gerettet und uns in mancher schweren Stunde des Abschieds begleitet. Susanne ist für mich ein einzigartiger Mensch; ohne sie könnte ich in Deutschland meinen Tierschutz nicht leben.
- Und zu guter Letzt Frau Dr. Lehari, die wir durch unsere Geschichten erreichten und die mir es jetzt ermöglichte, diese im Verlag Oertel+Spörer zu veröffentlichen.

Zum Weiterlesen

Baumgart, Liesel und Hand, Marlies: **Bach-Blüten für Tiere.** Oertel+Spörer, Reutlingen 2014.

Boulanger, Robert und Trautmann Zenoni, Gabriella: **Mantrailing** – Teamarbeit mit Nase und Verstand. Oertel+Spörer, Reutlingen 2013.

Gelhaus, Nadine: **Futterfibel.** Hunde gesund ernähren. Oertel+Spörer, Reutlingen 2013.

Göbel, Michaela: **Taube Hunde.** Umgang – Erziehung – Ausbildung. Oertel+Spörer, Reutlingen 2013.

Hand, Marlies und Baumgart, Liesel: **Schüßler-Salze für Hunde.** Oertel+Spörer, Reutlingen 2009.

Hartmann, Michael: **Patient Hund.** 2. Auflage, Oertel+Spörer, Reutlingen 2016.

Howald, Erika: **Wenn Hunde das Sagen hätten …** würden sie Menschen anleinen. Oertel+Spörer, Reutlingen 2017.

Jansen, Karin: **Rassespezifisches Territorialverhalten** – Richtiges Verständnis und Erziehung. 2. Auflage, Oertel+Spörer, Reutlingen 2018.

Jansen, Katrin: **Rassespezifisches Jagdverhalten bei Hunden** – Verständnis, Beschäftigung, Jagdkontrolle. Oertel+Spörer, Reutlingen 2014.

Kolbe, Katrin und Lehari, Gabriele: Rettungshundeausbildung – **Nasenarbeit.** Oertel+Spörer, Reutlingen 2013.

Koller, Raphaela: **BARF-Rezepte.** 4. Auflage, Oertel+Spörer, Reutlingen 2016.

Küng, Silvia: **Sozialpartner Hund.** Oertel+Spörer, Reutlingen 2016.

Müller, Anja Carmen und Lehari, Gabriele: **Der Therapiehund.** 3. Auflage, Oertel+Spörer, Reutlingen 2015.

Nehmet, Manuela: **Beschwichtigen, Drohen oder nur Spielen?** Die Signale des Hundes richtig deuten. Oertel+Spörer, Reutlingen 2017.

Nehmet, Manuela: **Shapen** – Positive Verstärkung in der Hundeerziehung mit Markersignalen. Oertel+Spörer, Reutlingen 2018.

Pawletko, Petra: **Heilpflanzen für Tiere.** 2. Auflage, Oertel+Spörer, Reutlingen 2017.

Rauth-Widmann, Brigitte: **Welpen – Mit dem Hund durchs erste Jahr.** Oertel+Spörer, Reutlingen 2010.

Reichenbach, Uta: **Wie Hunde kommunizieren.** Oertel+Spörer, Reutlingen 2011.

Reichenbach, Uta und Lehari, Gabriele: **Der zuverlässige Begleithund.** Von der Welpenerziehung bis zur Begleithundprüfung. 3. Auflage, Oertel+Spörer, Reutlingen 2018.

Ruhsam, Kerstin: **Aromatherapie für Hunde.** 2. Auflage, Oertel+Spörer, Reutlingen 2018.

Verna, Vinod: **Ayurveda für Hunde.** Oertel+Spörer, Reutlingen 2013.

Werner, Tina: **Wellness für Hunde.** Massage und Physiotherapie für jeden Tag. 2. Auflage, Oertel+Spörer, Reutlingen 2016.